チョコレートと日本人

市川歩美
Ayumi Ichikawa

ハヤカワ新書 035

まえがき

はじめまして。チョコレートジャーナリストの市川歩美です。ちょっと聞きなれない肩書きだと思われた方が多いかもしれませんが、私は文字通りチョコレートや、その原料であるカカオを主なテーマに取材し、情報を伝えるジャーナリストです。

そもそも私は物心ついた頃からチョコ好きで、学生時代も、そして今ももちろんチョコレートが大好き。大学卒業後は民間放送局に就職して、長年ラジオのディレクターだったことから「伝える」ことも好きです。つまり「チョコ好き」と「伝えることが好き」、この2つが私の中でドッキングして、自然発生的に生まれたのがチョコレートジャーナリスト、という仕事です。

食全般に関わるジャーナリストやライターはたくさんいても、私のように、ピンポイントでチョコレートとカカオを継続的に観察し、情報を伝えている人は、めずらしいのです。実際のところ、私がこれだけチョコレート界隈を毎日のように動き回っていても、私は私のような人に出会ったことがありません。つまり、私はチョコをテーマにしたプロのジャーナリストとして、日本で唯一の仕事をしていることになるのですが、もっというと海外でめずらしがられてもいます。

たとえば、ベルギー（ブリュッセル）取材では、ゴディバのトップシェフに「日本はあなたのような仕事をする人がいる国なのですね」と深く関心を持っていただきました。来日する海外のショコラティエや、外資系ホテルのシェフらにも、レアな仕事ゆえにでしょうか、大変ウケがいいです。「チョコレートジャーナリスト」という私の名刺を見て、笑顔にならない人はいません。「ドリームジョブだね！」とか「僕もチョコレートが大好きなんだよ」と、輝くような笑顔を私に向けてくれます。

チョコレートジャーナリストとしての仕事は、チョコレートの現場を取材し、そのおいしさや価値を、メディアなどを通してお伝えすることです。宝石のような高級チョコレートの隠れた魅力、作り手の熱意や思いを受け止めて、イベントに出演してわかりやすく伝えたり、新作発表会に登壇して、有名ショコラティエと対談したり、商品開発に協力することもあります。世界中で新しいチョコレートが生まれ、次々と日本で販売されますので、チョコレートの話は尽きることがありません。

近年はチョコレートの原材料であるカカオ豆の生産地や、企業のサステナビリティに関わるテーマでの取材・執筆も増えました。カカオと人類には約5300年にも及ぶ歴史があり、チョコレートは文化、歴史的な側面も奥深いのです。

「市川さんの情報発信を見て、チョコだけでこんなに話があることに驚きました」と以前、共演したアナウンサーさんに言われましたが、そのとおりです。私のチョコレートへの興味は尽きず、もっと言いますと、私がメディアに出している情報は、取材で得た情報のごく一部です。

「チョコレートと日本人」というテーマでの執筆を思い立ったきっかけは、コロナ禍にあります。2019年4月のサンフランシスコ取材を最後に、私は自由に海外渡航ができなくなり、予定していた3つの海外取材がキャンセルとなりました。それまで何度も海外へ飛び、カカオ生産国やヨーロッパ各国を訪れていた私は、おのずと日本に目を向けるようになりました。

国内のチョコレート関係者の方々とのやりとりが増え、国内での日々が長く続く中で、私は改めて気づきました。日本には私と同じようにチョコレートを愛する人々がたくさんいること。そして、日本は他国とは一線を画す、独自のチョコレート文化と歴史を築いてきた特別な国ではないかということに。

たとえば、日本にはバレンタインデーの習慣があります。この日は日本中の人がチョコレートで盛り上がりますが、世界各国ではどうなのでしょう。そもそも、チョコレートは、いつ、どのようにして日本へ伝わったのでしょうか。

今や大人気の一粒数百円以上の高級チョコレートは、どう日本に定着したか、またアメリカ発のビーントゥバーのムーブメントとは何か。日本のチョコレート好きなジャーナリストとして、こうした日本のチョコレート文化や歩みを、この時代に生きている私がまとめておくべきではないかと——。

本書では日本ならではのチョコレートの進化をたどり、日本人とチョコレートの関わりをお伝えします。海外の方々にとっても、日本のチョコレート文化を理解するきっかけになれば幸いです。

そして、いつかの未来に、この本のバトンは受け継がれていくことになるでしょう。日本で生まれ育ち、日本でチョコレートを見続けてきた私が、チョコレートジャーナリストとして、この本を書き綴り、思いを未来に捧げます。

目次

第1章
バレンタイン狂騒曲

1　なぜバレンタインはこんなに盛り上がるのか

日本においてバレンタインデーは、愛の日であり、チョコレートの日。日本人に「バレンタインのギフトは何か」と尋ねたら、ほぼ全員がチョコレート、と答えるでしょう。

そして2月14日は、子どもから大人まで多くの人がチョコレートを買って、贈って、味わう日。バレンタインデーはチョコレートを贈り、愛情や感謝の気持ちを伝え合う国民的な年中行事です。

日本のバレンタインデーは、主に女性から男性へチョコレートを贈る日とされていますが、実はこれは日本独自のスタイルです。世界各国で「愛を伝える日」として祝われるものの、ギフトに特にチョコレートだけが選ばれるわけではありません。日本のバレンタインデーは、チョコレートとしっかり結びつき、他のどの国とも異なる独自のスタイルへと進化し、文化として定着しました。

総務省統計局の家計調査報告によると、２０２２年の1世帯当たり月別菓子支出金額（二人以上の世帯・全国）において、チョコレートの年間支出の約23％がバレンタインデーのある2月に集中し、一年の平均支出額の約3倍に達しています。バレンタインデーがいかにチョコレートと結びついているかが、よくわかると思います。

華やかに賑わう日本のバレンタイン

日本のバレンタインは、賑やかな一大イベントです。年が明け、1月半ばを過ぎると、バレンタインデーに向けた特別なチョコレートが次々と登場し、全国各地で販売が本格化します。チョコレート専門店や洋菓子店は、とっておきの限定商品や自慢の新作を取り揃え、全国の百貨店や複合施設でバレンタインイベントが華々しく開催されます。その盛況ぶりは凄まじく、日本を代表するイベントの中には、約1ヶ月で3000種類以上のチョコレートを販売し、1日あたり平均1億円以上の売上を誇る催事が存在するほどです。

日本各地のイベント会場は、キラキラと目を引くディスプレイや、会場でしか味わえない数量限定のチョコレートデザート、初上陸の海外ブランド、そして有名ショコラティエの最新チョコレートなどで彩られています。テレビをはじめ、あらゆるメディアがバレンタインイベントの盛況ぶりや、チョコレートのトレンドを報じ、この時期特有の熱狂に包まれていきます。

世界を見渡しても、バレンタインデーにここまでチョコレートが売れるのは日本だけです。それでは、なぜ日本で、バレンタインデーがこれほど盛り上がるのでしょう。そしてなぜここまでチョコレートが飛ぶように売れるのでしょうか。

日本人の気質や文化、そして歴史とともに根付いたバレンタインデーが、現在も変わらず盛り上がり続ける理由を、私の日本各地での取材経験と日本で生まれ育った私自身の実感を交えながら解き明かします。

聖バレンタインの伝説とは

世界で「愛の日」とされるバレンタインデーは、古代ローマの伝説に由来しています。世界的にバレンタインデーのルーツとして知られる「聖バレンタインの伝説」は、次のような話です。

3世紀のローマ帝国に、キリスト教の布教に尽力したバレンタイン（ヴァレンティヌス）という名の司教がいました。当時のローマ帝国では、ローマ皇帝が遠征兵士の結婚禁止令を出し、兵士の結婚は禁じられていましたが、バレンタイン司教は、愛を尊重してそれに背き、兵士たちの結婚を秘密裏に認めていました。それが明るみに出てバレンタイン司教は投獄され、ついに西暦２６９年（２７０年という説も有り）2月14日に処刑されてしまいました。

この伝説が語り継がれることによって、愛を貫いたバレンタイン司教は愛の守護聖人とされ、司教が殉死した2月14日は「St. Valentine's Day（聖バレンタインの日）」として、欧米に広がったのです。

バレンタインデーの受け入れ

バレンタインデーの風習は、20世紀に入ってから日本に伝わりました。欧米の「愛の日」を、全く異なる文化を持つ日本人が受け入れ、ついには独自の形で定着させてしまったのは、考えてみれば興味深いことです。

新しいものを受け入れ、それを進化させて独自の文化へと昇華させる。これはまさに日本人らしい特徴といえるでしょう。明治時代以降、日本は欧米文化を先進的なものとして積極的に取り入れてきました。また、日本は仏教や儒教など外来の思想や文化を受け入れつつ、諸外国の影響を受けながら独自の文化を築いてきた長い歴史があります。

「贈り物文化」との結びつき

日本にバレンタインの風習が定着した背景を考えると、いくつかの理由がありますが、まず挙げられるのは日本独自の「贈り物文化」との結びつきです。

日本には一年を通して、多くの贈答の機会があります。贈答習慣であるお中元やお歳暮をはじめ、還暦祝いや成人祝い、結婚祝い、内祝い、お雛祭りや端午の節句、さらには父の日や母の日、引越し祝いやお餞別など。また、仕事の取引先や親戚、知人の家を訪問する際にも、手土産を持参することが習慣となっています。

しかし、「愛する人に気持ちを伝える」という意味合いの贈り物をする日は、かつて日本には存在しませんでした。感情をストレートに表現しないことが美徳とされていた日本ですが、時代の変化に伴い、この新しい形の贈答文化が時間をかけて根付いていったのでしょう。

「お裾分け文化」との結びつき

もうひとつの理由として、名古屋で取材したときに実感した「お裾分け文化」が挙げられます。名古屋のバレンタインフェア会場でインタビューをしていたときに、私は多くの女性たちが、大きな紙袋の中にチョコレートと一緒にたくさんの小分け用の袋を持っていることに気づきました。その理由を尋ねると、近所の人や親戚に会うときのために、余分にチョコレートを買って「お裾分け」するためだというのです。

ある女性は、1000円ほどのチョコレート菓子を「友だちに同じものをあげる」と6個まとめて購入していました。取材中に「お裾分け」という言葉を何度も耳にしたのも印象的でした。

「お裾分け」は、「贈り物」と比べてより気軽にコミュニケーションを図り、絆を深めることができる方法です。自分が楽しんだものを身近な人とシェアする「お裾分け文化」は、特に日本の地方都市で今も根強く残っています。美味しくて手軽に楽しめるチョコレートは「お裾分け」にぴったりで、楽しい会話が自然とはずむきっかけにもなります。

日本人はチョコレート好きな国民

日本人がチョコレートが大好きな国民であることも、バレンタインデーが盛り上がる大きな理由のひとつです。日本の菓子小売売上ランキングで、チョコレートは2014年から和菓子や洋生菓子をおさえ、首位をキープしています（全日本菓子協会の公式サイトによる）。日本人のチョコレートへの愛がうかがえます。

仕事柄、ヨーロッパの有名なチョコレート職人と話すことがたびたびあるのですが、彼らは「日本のみなさんはチョコレートが好きで、職人の技術や繊細な風味を理解してくれる」

と話しています。つまり、日本人は「チョコレート好きで、しかも違いがわかる人たち」というイメージを持たれているようです。

実際、日本に高級チョコレートが紹介されて以来、日本人は高い技術を持つ職人が作る芸術的なチョコレートを歓迎し、受け入れてきました。２０００年代の高級チョコレートブーム以来チョコレートの愛好者は年々増え、20年前と比べて日本で販売されるブランドの数も飛躍的に増えています。

百貨店がバレンタインを盛り上げてきた

日本でバレンタインが盛り上がる理由、その3つめはなんといっても百貨店の役割です。日本全国には北海道から沖縄まで１６８店舗の百貨店があり（２０２４年9月現在）、いずれの店舗もシーズンごとにさまざまな催事やイベントを企画しています。中でも、選りすぐりのチョコレートを取り揃えるバレンタイン催事は毎年1月〜2月恒例の人気イベントで、日本のほとんどの百貨店がバレンタインに催事を行います。

百貨店のバレンタイン商戦は、開催に先駆けたプロモーション活動からスタートします。大規模なバレンタインイベントは、事前にメディア関係者や常連客を対象にした説明会や発表会を行い、広告宣伝活動も盛んです。海外から有名チョコレート職人を招いたり、トークイベントを行ったりと、毎年さまざまな工夫がこらされています。

東京、大阪、名古屋をはじめとする、日本各地の有名百貨店で行われる人気バレンタインイベントには、熱心な固定ファンが集まります。毎年数万円単位でチョコレートを購入する人もめずらしくなく、チョコレートファンは、お目当ての商品を手に入れるために100人以上の行列に並び、1時間以上待つことを厭いません。そんな全国の百貨店によるバレンタインイベントは、この時期のチョコレート消費を大いに後押ししています。

2　日本のバレンタイン、ことはじめ

日本におけるバレンタインデーはいつ、どこで始まり、なぜチョコレートと深く結びつくようになったのでしょうか。歴史を振り返りながら、今日の日本のバレンタイン文化がどのように形作られたのかをを探ってみます。

神戸で産声をあげたバレンタインデー

日本で最初にバレンタインとチョコレートの結びつきがわかるのは、1932年（昭和7年）の記録です。この年に「神戸モロゾフ製菓株式会社」（現在の「モロゾフ」、以下モロゾフ）は、自社のカタログにバレンタインギフト用のチョコレートを掲載しています。カタログには、2つの可愛らしいチョコレートの写真があります。チョコレート製のハート型の器にチョコレートを詰めた「スイートハート」と、チョコレートを花束のようにバスケットに入れた「ブーケダムール」です。

モロゾフの前身は、1926年（大正15年）に神戸のトアロードに誕生した「モロゾフコ

ンフェクショナリー」というチョコレート店で、ロシア生まれのフィヨドル・ドミトリー・モロゾフ氏とその息子ヴァレンティン・フョードロヴィチ・モロゾフ氏がチョコレートを作っていました。１９３１年（昭和6年）に、モロゾフ氏と共同経営者の葛野《くずの》友槌《ともつち》氏が設立した会社が、現在のモロゾフへとつながっています。

モロゾフがバレンタインギフトを提唱したきっかけは、当時の創業者が「欧米では2月14日に愛する人に贈り物をする習慣がある」という話をアメリカ人の友人から聞き「その素晴らしい贈り物文化を日本でも広めたい」と考えたからです。

日本初のバレンタイン広告は英字だった

１９３５年（昭和10年）、モロゾフは、英字新聞「ジャパン・アドバタイザー」にバレンタインギフトの広告を掲載しました。「バレンタインデーには愛する人にチョコレートを贈って愛を伝えましょう」というロマンティックなメッセージが打ち出され、これが日本初のバレンタインチョコレートの広告とされています。

この新聞広告は、バレンタインデーの前日である１９３５年2月13日に掲載されました。ハート型のチョコレートと男女の手、愛のキューピッドたちが描かれ、店が当時東京・銀座

モロゾフによるバレンタイン広告

と、神戸トアロードにあったことが読み取れます。

　モロゾフは、その後も1940年（昭和15年）2月、つまり太平洋戦争開戦前までバレンタイン向けの広告を継続して掲載しました。しかし、当時チョコレートはまだめずらしいもので、広告が在日外国人向けの英字新聞に英語で掲載されていたことから、反響はあまりなかったようです。

日本初の小さなバレンタインフェア

　1956年（昭和31年）には、不二家がバレンタインセールを行いました。同年2月1日発行の「不二家マンスリー」（社内報）には「☆今年からヴァレンタインデー（愛の日）も行います　貴方の愛するあの方へ　あなたの好きなお友達へ　母にも、祖母にも、お姉さんにも　慕う貴方の　先生へ　ハートの型をしたお菓子をお贈り下さい。」と記されています。

この段階ではまだ、女性から男性へ、と限定されていないのがわかります。

続いて、1958年（昭和33年）には、原堅太郎氏が創業した「メリーチョコレートカムパニー」（以下メリー）が、都内の百貨店（伊勢丹新宿店）で日本で初めてのバレンタインセールを行いました。メリーに残る資料によると、2月12日から14日までの3日間の開催で、「バレンタインセール」と手書きの看板を設置しただけの、小さな売り場だったようです。

セールのきっかけは、1958年1月に社員がパリに住む友人から受け取った絵葉書でした。「パリにはバレンタインデーと呼ばれ、花やカード、チョコレートを贈る習慣がある」。この情報がヒントになりました。

しかし、セールを行ったものの当時はバレンタインを知る人がほとんどいなかったことから、大きな反響はありませんでした。売れたのは、50円の板チョコレート3枚と20円のメッセージカード1枚だけ。売上はたった170円だったそうです。

翌年の1959年（昭和34年）も、メリーはバレンタインセールを開催しました。この年は、ユニークな新作として「サイン入りチョコレート」を売り出しました。ハート型のチョコレートの表面に、鉄筆で相手の名前やメッセージを刻むことができるアイデア商品です。こちらは女性たちの注目を集め、前年を上回る反響がありました。メリーに残る当時の資料

メリーチョコレートカムパニーの1960年代のポスター（上）と
サイン入りチョコレート（下）

によると「想いをこめて I LOVE YOU」といった、直接的な告白メッセージがハート型のチョコレートに刻まれていて、受け取ったら誰もがドキドキしてしまいそうです。売り場には、スタッフが名入れするのを、恥ずかしそうに待つ女性客の姿があったそうです。

メリーは1959年に「年に一度、女性がチョコを贈って愛を伝える日」としてフェアを宣伝しました。「女性から」とした理由は、百貨店の顧客もチョコレートを買う人も、多くは女性だったことも関係しています。

バレンタインを日本に普及させた森永製菓

バレンタインデーの風習は、日本の大手企業にも伝わりました。カカオ豆からチョコレートを国内で一貫製造していた森永製菓は、チョコレート販売促進のチャンスとしてバレンタインデーに注目するようになりました。

昭和30年代は日本の高度経済成長期で、産業が技術革新によって大きく進化した時代です。チョコレートの人気が上昇しはじめていたその頃、森永製菓は、急速に発展した民放ラジオやテレビなどの新しい広告媒体を使って、チョコレートの普及活動を積極的に行いました。1958年に創刊した女性週刊誌「女性自身」をはじめ、新聞、雑誌にバレンタインギフト

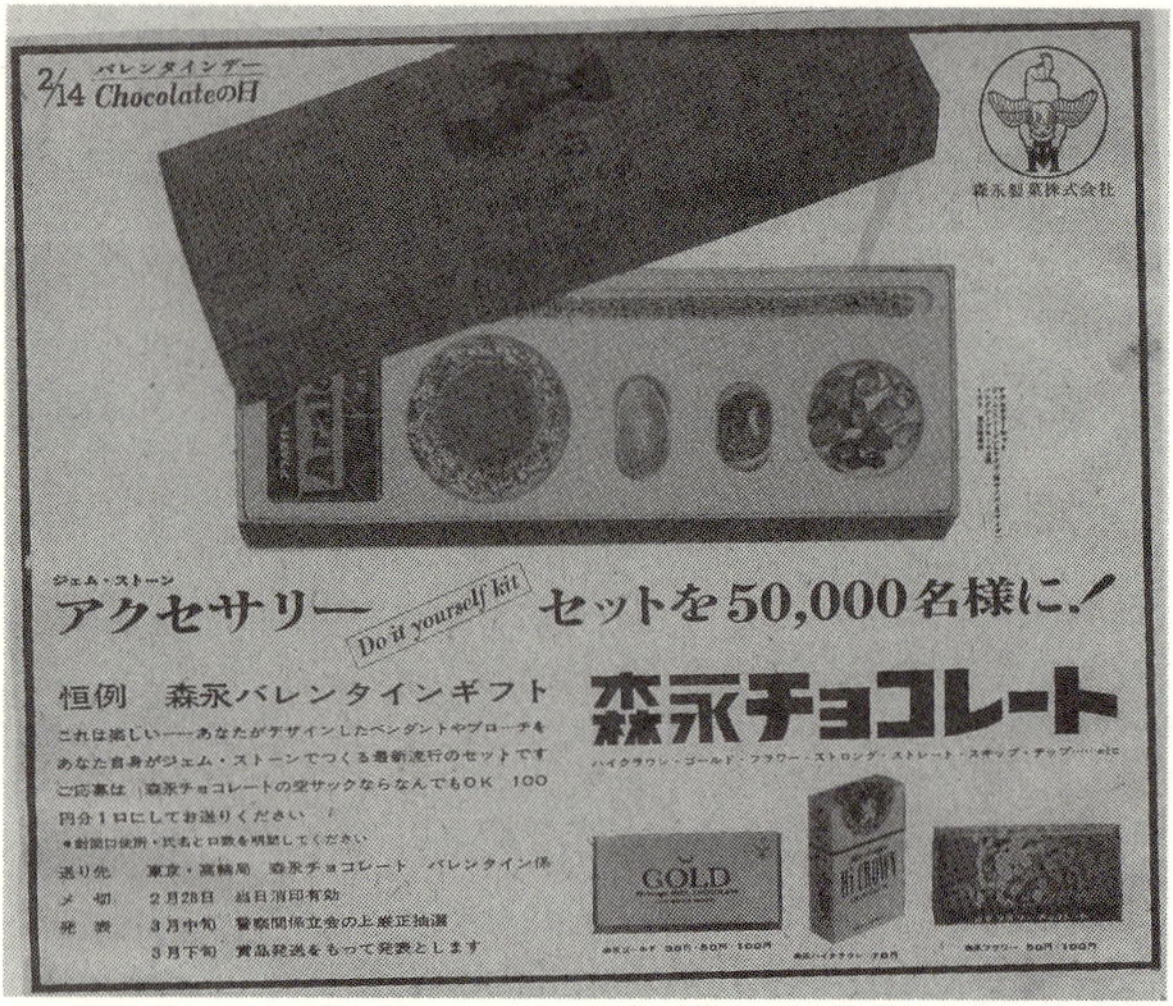

森永製菓の広告（1965年のもの）

の広告を次々と打ち出し、1960年（昭和35年）には「森永バレンタインデー企画」をスタート。バレンタインチョコレートを大々的にアピールしました。

当時の広告には「ハートのついたカードや手紙にチョコレートを添えて送る日」というメッセージとともに、チョコレートの写真が掲載されています。1965年（昭和40年）には「世界の宝石ジェム・ストーン・アクセサリーセットを5万名様にプレゼント」というギフト企画が実施されました。100円分の森永のチョコレートのパッケージを1口にして応募すると、オリジナルアクセサリー作りキットが当たるというもので、女性の間で大評判となりました。

こうした森永製菓の宣伝活動が功を奏して、バレンタインデーが日本全国に広まったといえるでしょう。

3　日本のバレンタイン、進化と変遷

チョコレートと結びついた日本のバレンタインデーは、日本のライフスタイルや意識の変化に合わせて、時代とともにその形を変えてきました。その変遷を追ってみましょう。

1930年代——バレンタインデーの芽生え

1935年にモロゾフが英字新聞にバレンタインチョコレートの広告を出した当時は、日本人にとってチョコレートというもの自体がめずらしく、限られた人だけが知り、口にするものでした。バレンタインギフトは「女性から男性へ贈るもの」とは提案されておらず、女性から女性へ、あるいは男性から女性へ贈られることもあったかもしれません。

1950年代——女性の自立が注目された時代とバレンタイン

太平洋戦争が終結し、バレンタインデーにもう一度光が当たったのは、日本の高度成長期です。技術の進歩がライフスタイルに変化をもたらし、女性の社会進出が注目されはじめた

時代でした。

メリーが初めてバレンタインセールを開催したのと同じ1958年に、女性だけをターゲットにした雑誌「女性自身」が創刊されました。「女性自身」は、女性の自立を応援する記事を積極的に掲載していました。また、同年の11月27日には当時の皇太子・明仁親王（現在の上皇陛下）と正田美智子さん（同上皇后陛下）のご婚約が宮内庁から発表され、日本中が大いに沸き立ちました。

1960年代――バレンタインギフトはチョコレートだけではない

1963年（昭和38年）には女性向けの雑誌「女性セブン」が創刊されています。翌1964年には東京オリンピックを控え、日本は活気に満ちあふれていました。高度成長期に次々と創刊された「女性」という名のつく雑誌は、女性たちに新しい価値観や生活スタイルを提案しました。お見合い結婚と恋愛結婚の割合が逆転したのは、1965年～1969年頃のことです。こうした時代の機運が「女性が自分の気持ちを男性に伝える日」というバレンタインデーのコンセプトと合致し、日本のバレンタインの原型が形成されていったのではないでしょうか。

バレンタインを盛り上げたのは、女性向けの雑誌ばかりではありません。1953年（昭和28年）に日本で初めてテレビ放送が開始され、日本の一般家庭に普及したテレビからも情報が届けられるようになりました。

1963年1月11日に森永が読売新聞に掲載したチョコレートの広告には、「あちらの映画・TVでおなじみ〈愛の日〉バレンタインデー。若いヒトが贈物や手紙を交換しあう日です。チョコレートをそえて贈れば、レイケンアラタカとか……あなたも一度ためしてみては?!」と記されています。

この新聞広告では、テレビという言葉が登場し、バレンタインデーの主役は贈り物や手紙であり、チョコレートはそれらに添えて贈るものとして紹介されています。この広告が掲載された1年後、1964年（昭和39年）には、白黒テレビの世帯普及率が90％に達しました。

1968年（昭和43年）2月13日付の読売新聞夕刊にも当時のバレンタインがうかがい知れる、興味深い記事があります。

「あすは〝愛と商魂の日〟」という見出しとともに「あす十四日はバレンタイン・デー。ご年配の向きにはなじみは薄いが、現代のティーン・エイジャーの間ではすさまじい勢いで人気上昇中だ」とあり、新宿のデパートでは「いやあ、驚きました。ボーイ・フレンドになにを贈ったらいいかと相談につめかける女学生グループがゾロゾロ」とあります。

この記事によれば、ギフト選びの舞台は、文房具売り場や若い男性向け商品の売り場などさまざまです。バレンタインデーギフトがまだチョコレートに限定されていないことがわかります。

1960年代には、女性から男性へ贈ることもチョコレートを選ぶことも、まだ定着していないのですが、興味深いのはいずれにしても贈り主は女性である点です。これは、バレンタインデーのプロモーションを行っていたのが百貨店やチョコレートメーカーだったからなのでしょう。どちらも顧客の大半は女性だったことから、女性をターゲットにしたのは自然な流れだったと考えられます。

1970年代——女性が男性へチョコレートを贈る日に

「バレンタインデーは、女性が愛する男性にチョコレートを贈る日」。この日本独自のスタイルが定着したのは、1970年代に入ってからのことです。

1971年（昭和46年）2月14日付の読売新聞「婦人と生活」面には、「きょうはバレンタイン・デー　あなたは？　晴れて？ 女性上位　思いをチョコレートに…」という特集記事が掲載されました。ここには、18歳から25歳までの未婚女性100人を対象にした日本勧業銀行のアンケート結果が紹介されています。結果は、バレンタインデーの知名度は98％で、どういう日と認識しているかという質問には「好きな男性になにもいえない女性がチョコレートに託して自分の気持ちを伝える日」や「女性が男性にプロポーズしても良い日」とされています。また、チョコレートを贈ったことがあるかという質問に対しては24％が「イエス」。贈り物は「チョコレートのほかに遊園地のキップやカード、クツ下、マフラー、レコードなどもあった」とされています。

この時代のバレンタインチョコに名前をつけるとすれば、「愛の告白チョコ」となるでしょうか。2月14日は、女性が想いを寄せる男性に心を込めてチョコレートを手渡す日で、女性たちはドキドキしながら自分の胸の内を伝えようとしたのです。

1980年代——「本命チョコ」と「義理チョコ」

1970年代には、バレンタインデーがチョコレートと結びつき、日本全体に広がりを見せました。そして1980年代には、この習慣がしっかりと定着しました。この頃生まれたのが「本命チョコ」と「義理チョコ」という言葉です。

「本命チョコ」とは、愛する男性や片思いの相手、恋人に贈るチョコレートを指します。一方、「義理チョコ」は、恋愛感情がない職場の上司や同僚などに渡すチョコレートのことです。女性たちは、愛する相手へのチョコレートと、職場で渡すチョコレートを区別するようになったのです。

懐かしの本命チョコエピソード

この頃の本命チョコは、どんなものだったのか。かつて私がヒヤリング取材した「本命チョコ」にまつわるエピソードをいくつか紹介することにします。

「高校生のとき、ずっと思いを寄せていた野球部の男の子がいました。放課後、彼が毎日通る帰り道で、ドキドキしながら手紙とチョコレートを渡しました」（昭和60年頃の話）。

「中学のとき、バレンタインデーの前日は好きな女の子からチョコレートをもらえるかどうか考えて落ち着かず、そわそわしてよく寝られない夜を過ごしました」（昭和55年頃の話）。

学生時代のバレンタインを、懐かしく思い出す方もいるのではないでしょうか。会社勤めをしていた女性からはこんな声もありました。「お付き合いを始めたばかりの彼には、ハート型の手作りチョコを贈って、同僚や上司には市販のチョコレートを渡しました」（昭和60年頃の話）。特に「本命チョコ」だけは手作りのものにこだわったのですね。

義理チョコとはどんなものだったか

「義理チョコ」については、私が会社員時代に経験したバレンタインデーのエピソードをお話しします。当時の女性社員にとって、共感できる「あるある」かもしれません。

私が会社員だった頃のこと。バレンタインデーの朝に、直属の上司にチョコレートを渡すのが恒例行事でした。2月になるとそれとなく同じ部の女性たちと話し合い、確かひとりあたり1000円ほどを集めて、行けるメンバーで百貨店のバレンタインチョコレート売り場へ出かけました。2月14日の朝には全員揃って上司のデスクを訪れ「私たちからです!」などといってチョコレートを手渡しします。上司は「ああ、どうもありがとう」とうれしそうに笑ってくれました。そして、1ヶ月後のホワイトデーには、上司は私たちにチョコレートやお菓子などをお返ししてくれたのでした。

このエピソードを話すと「私も同じでした」などと多くの女性が共感してくれます。今振り返ると、上司に渡すバレンタインチョコレートには「いつもありがとうございます」という気持ちに加え「あなたをいつも頼もしい上司だと思っていますよ」というニュアンスを込めることができました。これが、他のギフトとは異なる点だったかもしれません。

女性社員の中にはバレンタイン不要派も

私個人にはあまり「義理」感はなく、むしろ楽しい思い出になっていますが、反対にバレンタインを面倒に感じていた人も少なくなかったようです。

1989年(平成元年)1月18日付の朝日新聞朝刊(東京版)の記事には、都内の百貨店が1月17日に女子社員150人を対象に行った調査結果が記されています。結果、女性の60%、男性の66%が「バレンタインデーは不必要」と答えています。「義理チョコ」ブームが過熱したことから、お金がかかるうえに、職場によっては雰囲気を壊さないよう複数の男性に配らなくてはならなかったはずです。気遣いも大変だったからなのでしょう。

2018年2月にはゴディバが「日本は、義理チョコをやめよう」という新聞広告を日本経済新聞に掲載しました。「男性のみなさんから、とりわけそれぞれの会社のトップから、彼女たちにまずひと言、言ってあげてください。「義理チョコ、ムリしないで」と」などとしています。大きな話題となりました。

義理チョコは Obligation chocolate なのか

「義理チョコ」の意味を改めて考えるきっかけになったのは、2019年に英国のBBCの取材を受けたときのことです。

「義理チョコ」への意見を求められましたが、まず私が興味を持ったのは「義理チョコ」の英訳が「Obligation chocolates」だった点です。「Obligation」という英語を訳にあてるとニュアンスが、責務、責任といった抑圧的な面が強調されすぎるような気がしました。もちろん「義理チョコ」は儀礼的なものでもありましたが、2019年頃になると、それとは異なるユニークな側面も持っていたからです。

たとえば、2019年にはブラックサンダーが「義理チョコショップ」を展開し、「義理チョコ」であることをあえて強調することで、人間関係を和ませたり、話のネタにする楽しさを提案しました。「義理チョコ」を贈りたくて贈る人も、楽しんでいる人もいたのです。

「義理チョコ」という概念は、時代とともに変化し、人によってその捉え方が異なります。外国語に簡単に訳すのは難しい言葉なのでしょう。揺れ動く複雑な意味合いをどのように捉え、どう伝えるべきかについて、その後も考え続けるきっかけとなりました。

衰退傾向にある「儀礼チョコ」

そんな「義理チョコ」ですが、形骸的でいわゆる「儀礼チョコ」と言い換えたいタイプの職場のバレンタインギフトは、近年衰退の兆しを見せています。

社員の余計な出費を減らして業務に集中できるように、バレンタインチョコの廃止を通達する会社も現れました。2020年頃からは、コロナ禍を機にリモートワークが普及したことも自然消滅の一因です。

2024年1月に行われたアンケート調査では、働く女性の8割以上が「義理チョコを渡したくない」と答えています。わかりやすく言い換えれば「儀礼チョコ」は、時代にそぐわなくなりました。形骸化した年賀状やお中元、お歳暮のやりとりが減少しているように、バレンタインにも同じ現象が起きています。

2000年代――「友チョコ」と「感謝チョコ」

2000年代には「友チョコ」という言葉が使われるようになりました。「友チョコ」は友だち同士が贈り合うチョコです。同性の仲の良い友だちと学校でチョコレートを交換しあったり、チョコレートをシェアしあったり、子どもたちも気軽に楽しんでいます。

「感謝チョコ」「お世話チョコ」も一般的になりました。これらは文字通り「いつもありがとう」「いつもお世話になっています」の気持ちを伝えるポジティブなチョコレートです。関係にもよりますが、お返しに気を使わせない価格のものが選ばれることも多く、贈る側も心理的な負担を感じずに「これからもよろしく」という気持ちを相手に伝えることができます。

また、家族や両親に贈るチョコが「家族チョコ」と呼ばれることもあり、こちらにも日頃の感謝の気持ちが込められています。家族みんなでチョコレートをシェアする楽しさもあります。

近年のバレンタインチョコレートは男女関係なく、相手に「いつもありがとう」と「これからもよろしく」の気持ちを伝え、これまでの良い関係をより豊かにするために役立っています。

2020年代――「誰かに贈る」から自分への「自分チョコ」

最新のバレンタインデーの注目すべき現象は「自分チョコ」の登場です。チョコレートを贈る相手が他人ではなく、自分自身になりました。

自分チョコには、いつもよりちょっと贅沢で高級ブランドのチョコレートものが好まれます。自分への贈り物に好みに合った特別なチョコレートを選ぶことで、バレンタインデーは、自分を喜ばせる日になります。バレンタインチョコレートは「日頃頑張っている自分へご褒美」としての役割も果たすようになりました。

特にコロナ禍では、「自分チョコ」を購入する人が増加しました。外出や海外旅行が制限される中、バレンタインだけでも特別なチョコレートを楽しみたいと考える人が多くなったようです。

2024年1月に行われた調査では、「自分チョコ」人気が顕著に現れています（マーケティングリサーチ会社のインテージによる調査・2024年1月18日から22日に全国の15－79歳の男女2500人を対象に実施）。

バレンタインに「なにチョコ（だれ向けのチョコ）」を用意するか、という質問に対し、女性の回答は「家族チョコ」が44・7％（前年41・8％）、「自分チョコ」は21・7％（前年13・2％）、「友チョコ」は13・9％（前年11・4％）、「お世話チョコ」は13・7％（前年8・6％）、「義理チョコ」は11・7％（前年8・2％）でした。「自分チョコ」が前年比164％と大きく伸びています。

実際に、私のまわりには「自分チョコ」をバレンタインシーズンに数万円単位で買う人が何人もいます。オンラインショップの普及もその流行に影響しているのでしょう。SNSやウェブメディアで最新情報をキャッチして、気になるチョコレートを簡単にスマホで購入できる時代になったのです。

「本命チョコ」も減少傾向

考えてみると、本命の相手は1人で、感謝を伝えたい相手は複数いることが多いと思いますので「本命チョコ」が全体の中で少数であるのは当たり前のことです。実際、前述の調査によれば、「本命チョコ」を贈る人は全体のわずか8％にすぎません。若年層に限定するとその割合は20％を超えますが、それでも少数派です。

時代とともに進化し続ける日本のバレンタインデー。贈る相手やその意味に応じたさまざまな「○○チョコ」がメディアで次々と話題になります。この先、どのようにバレンタインデーが変わっていくのかが楽しみです。

4　海外のバレンタイン事情

日本以外の国では、バレンタインデーをどのように過ごしているのでしょうか。ここでは、私がこれまでにインタビューした外国人の方々の話をもとに、その一部をまとめてみることにします。

――韓国

韓国にはバレンタインデーのスタイルが日本から伝わり、1990年代から女性がチョコレートを男性に贈る習慣があります。日本と同じく2月にチョコレートの売上が最も高いとされますが、韓国では旧正月（新暦1月下旬～2月中旬頃）を盛大に祝うため、バレンタインの盛り上がりは日本ほど長くは続きません。

韓国のバレンタインギフトの定番も日本と同じくチョコレートですが、日本との大きな違いは、チョコレートや花、贈り物を詰め込んだバスケットが一般的であることです。2月14日が近づくと、多くの店には豪華に飾り付けられたギフト用バスケットが並びます。

――アメリカ

アメリカのバレンタインデーは、友人や愛する人に自分の気持ちを伝える日です。プレゼントを渡すのは、主に男性から女性へ。ギフトは赤いバラの花束やチョコレート、ジュエリーなどが一般的です。女性と男性がお互いにギフトを交換したりスペシャルなディナーへ出かけたり、家族間で美しいバレンタインカードを贈り合うこともあります。

小学校では、バレンタインデーが学校行事として取り入れられていることが多く、クラス全員でバレンタインカードやお菓子を交換する楽しいイベントが行われるそうです。

――イギリス

イギリスのバレンタインデーは、主に男性が女性に愛を伝える日です。男性が赤いバラの花束やチョコレートを贈るのが一般的で、夫婦や恋人たちは2人きりでディナーを楽しむことも多いそうです。興味深いのは、差出人の名前を入れずに匿名のカードを贈る習慣があることです。受け取った女性は「誰が私に？」とドキドキですね。

イギリスでバレンタインデーにチョコレートが贈られるようになったのは、1868年にキャドバリー社がハート型のチョコレートボックスを販売したことがきっかけだとされています。

——フランス

フランスのバレンタインデーは、恋人同士や夫婦が愛を確かめ合う日です。主に男性が女性に贈り物をしますが、最も人気があるのは赤いバラの花です。多くの男性が赤いバラを購入するため、2月14日は花屋さんが男性で賑わいを見せます。

他にも、香水、カード、本、ジュエリー、チョコレートなどがギフトに選ばれます。レストランを予約してディナーを楽しんだり、田舎への旅行、自宅で映画や音楽鑑賞をしてリラックスすることもあります。

——メキシコ

メキシコのバレンタインデーは「愛と友情の日」として知られています。この日は恋人同士だけでなく、友人や家族、親戚と過ごすなどして、絆を深めます。街にはカラフルなお菓子やバルーンが並び、女性が男性にエスコートされてレストランでディナーを楽しむ光景が見られます。ギフトにはお花やお菓子が選ばれることが多いようですが、もちろんチョコレートが選ばれることもあります。見知らぬ人でも挨拶しあったり、街中で花が配られたり、誰もが感謝や友情、愛情を伝えあう日です。

——フィリピン

フィリピンのバレンタインも、男性から女性へ贈り物をするのが一般的ですが、男女で贈り物交換もします。女性へのギフトはお花やチョコレート、テディベアやハート型のアイテムも人気です。恋人だけでなく、母親など家族に贈り物をするのも一般的で、恋人たちはロマンティックなレストランでディナーを楽しむこともあります。

赤は愛を象徴する色とされ、バレンタインデーにはショッピングモールで赤い服を着たショップスタッフがギフトを販売していたり、赤いバルーンが華やかに飾られた風景が見られることがあるそうです。

——ブラジル

初めて知ったときは驚きましたが、ブラジルでは2月14日は特別なイベントのない普通の日です。ブラジルのバレンタインデーに相当するのは、6月12日の「恋人の日」。この日が恋人の日とされる理由は、2月から3月にかけてのカーニバルの忙しさを避けたことと、商業的な売上が低下する6月を広告代理店の経営者が選んだことです。6月12日は縁結びの聖人サント・アントニオの日としても知られています。プレゼント交換が盛んで、洋服や化粧品、さらには豪華に家電などを贈る人もいるそうです。

——コロンビア

コロンビアもブラジルと同じです。2月14日は特に普段と変わらない1日で、愛の日とされているのは9月の第3土曜日です。この日はメキシコと同じく「愛と友情の日」とされ、恋人やパートナーをはじめ、家族や友だち、仕事仲間にも愛情を伝え、贈り物をします。9月である理由は、年初の出費が重なる時期を避ける商業的な考慮と、9月に祝日がないためです。コロンビアでは、1969年以降にこの習慣が広まりました。ギフトにはバラの花やチョコレート、宝石などが選ばれます。

以上の情報は、私が海外の方々との会話の中から知ったことですので、国内の地域や年齢層によって異なる状況があることは、ご承知おきください。

それにしても、海外の方と話すたびに感じるのは、「日本のバレンタインデーは世界と逆である」ことです。ほとんどの国では、女性から男性へ贈り物をするのではなく、男性が女性に贈り物をします。またはプレゼントを交換します。

また、どの国も日本ほどチョコレートがバレンタインデーと結びついていません。チョコレートは確かに人気のギフトですが、世界的には男性が女性へ、赤いバラを贈るのが一般的です。赤いバラは華やかで、情熱や愛を象徴するからです。

また宗教上などの理由から、バレンタインを祝わない国や人もいます。

5　ホワイトデーとは何か

日本人にはお馴染みのホワイトデー。この日のルーツはバレンタインデーと違って日本にあります。バレンタインデーにチョコレートをもらった男性が、1ヶ月後の3月14日にお返しを贈る日とされているのが、ホワイトデーです。

私は毎年3月13日か14日に都内のホワイトデーの様子を見て回りますが、特にビジネス街にあるチョコレート店や洋菓子店は大盛況です。ビジネススーツを着た男性たちが行列を作り、チョコレートやお菓子をまとめ買いしているのです。店によっては臨時の販売スペースが設けられ、スタッフは休む間もなく男性客への対応に追われています。

ホワイトデーはバレンタインデーと違って、盛大なフェアは開催されませんが、チョコレート店や洋菓子店にはホワイトデーに向けて、女性が好みそうな可愛らしくて上品なパッケージデザインのチョコレートやお菓子が並びます。

１９７０年代に日本で生まれたホワイトデー

ホワイトデーのギフトは何でもよいとされていますが、人気が高いのはなんといってもチョコレートやお菓子です。マカロンやクッキー、ホワイトデーにちなんだホワイトチョコレートを使ったお菓子もよく選ばれます。タオルハンカチやハンドクリームなども人気があるようですが、「本命チョコ」をもらった相手の気持ちに本気で応えたい場合や特別な人にはやはり奮発して、高価なアクセサリーやスカーフなどが贈られるようです。

ホワイトデーのはじまり・３説

それではホワイトデーは日本でいつ、誰が始めたのでしょうか。いくつかの説がありますが、いずれにしても生まれたのは１９７０年代のことです。ここでは他ではなかなかまとまった情報が見つからないホワイトデー誕生にまつわる、３つの説を記します。

１）全国飴菓子工業協同組合の取り組み

ひとつめは、１９７８年（昭和53年）、全国飴菓子工業協同組合が「ホワイトデー委員会」を作り、３月14日を「バレンタインのお礼にキャンディーをお返しする日」と決めたのが始まりという説です。

同組合の公式サイトによると「ホワイトデー委員会」は、ホワイトデーをキャンディーを贈る日にしようと、1979年（昭和54年）秋に東京菓子会館で2回にわたって会議を開きました。テーマは「愛にこたえるホワイトデー」と決まり、1980年（昭和55年）2月14日から3月7日までの間にラジオキャンペーンを実施し、3月8日と9日には銀座三越、渋谷東急、新宿伊勢丹の3カ所でプレキャンペーンを行いました。銀座三越の特設会場では協会に加盟する13社のキャンディーが販売されたそうです。ラジオキャンペーンは翌年も続き、ホワイトデーは、ラジオを通じて一般の人に知られるようになりました。

2）福岡でマシュマロデーが生まれた

もうひとつは福岡で始まった、という説です。

1977年（昭和52年）のある日、福岡市にある菓子店「石村萬盛堂」の当時の社長・石村僖悟さんが、お菓子作りのヒントを求めて少女雑誌を読んでいたところ、女性の投書が目に留まりました。「男性から女性にバレンタインのお返しがないのは不公平。ハンカチやキャンディー、せめてマシュマロでも」。その一説から石村さんは、男性も感謝を伝える日を設けては、と思い立ちました。そこで自社のお菓子を基にマシュマロにチョコレートを詰めた新しいスイーツを開発し、「マシュマロデー」として3月14日に売り出しました。この日が選ばれたのは、女性従業員の間でバレンタインから1ヶ月後が良いとの意見が多かったからです。

「マシュマロデー」が始まって7~8年後、地元の百貨店・岩田屋（現在の岩田屋三越）から、贈り物の幅を広げるために「ホワイトデー」という名称への変更提案があり、「マシュマロデー」は「ホワイトデー」と名前が変わったそうです。

3）メルシーバレンタインキャンペーン

最後にもうひとつのホワイトデーのルーツとされるのは、1973年（昭和48年）に「不二家」とマシュマロを主に製造している「エイワ」が協力して、バレンタインのお返しにマシュマロやキャンディーを贈ろう、と提唱した「メルシーバレンタイン」キャンペーンです。ホワイト（白色）は「幸福を呼ぶ」などの意味を持っていることから「ホワイトデー」と名付けて、わかりやすいバレンタインデーの1ヶ月後に日付を設定したようです。

贈られたら答えたい日本人の気質

3つの説を記しましたが、興味深いのは、いずれも「バレンタインのギフトに対するお返しの日を作ろう」という発想から、同じような時期に生まれていることです。

もらったらお返しをしないとどうも気持ちがすっきりしない、贈った方もなんとなくバランスが悪い気がする、という多くの日本人の違和感が、ちょうどバレンタインデーが日本に定着しつつあった１９７０年代に表面化したのかもしれません。

日本には「贈答」という言葉があり、これは「贈る」と「答える」という２つの意味をもつ漢字が組み合わさってできています。日本では何かを受け取ったらお返しをするのが習慣で、自然な行動です。

ホワイトデーの誕生の背景には、お菓子業界の贈り物市場を拡大しようという試みがもちろんありましたが「贈り物にお返しがないとどうも気持ちが落ち着かない」日本人の心情を反映したからこそ定着したのでしょう。バレンタインデーの盛り上がりとともに「お返しをどうするか」を考える人が増え、同時多発的に形になったのではないでしょうか。

バブル期は「ホワイトデーは倍返し」

ホワイトデーも、時代とともに変化があります。日本経済のバブル期に流行った「ホワイトデーは倍返し」というフレーズを今も覚えている方がいるかもしれません。

１９８７年（昭和62年）３月14日の朝日新聞夕刊（東京版）には「『ホワイトデー』は倍返し」という記事が掲載されています。「五百円のお返しには千円の品物と「倍返し」が一般的だそうで、バレンタインデーに数十個のチョコレートを贈られた幸せな男性は、たちまち数万円の出費と頭が痛くなる」とあります。

1980年代後半から1990年代初頭のバブル隆盛期は、海外のブランド品や高価な贈り物をすることが日常的になっていました。ホワイトデーも例外ではなく「ホワイトデーは女性からもらったバレンタインチョコレートの2倍の価格のものを男性がお返しとして贈るのが妥当」と言われた時代があったのです。

当時は「ホワイトデーは3倍返し」とまで囁かれたこともあり、言葉のインパクトが強かったせいか、今もメディアでこのフレーズが引用されることがあります。しかし、時代が変わった現在はさすがに2倍から3倍のお返しは多すぎると考える人が大半で、もらったものと同等か、少し高価なギフトが選ばれるのが一般的です。

とはいえ、もちろんお返しの品選びは関係性によって異なりますので、例えば「本命チョコ」を本命の相手から受け取ったのなら、奮発して「ホワイトデーは倍返し」する男性も少なくないのでしょう。

ホワイトデーの方が売上が大きい店も

何倍かはさておき、日本の男性はもらったチョコレートよりも高い値段のギフトを返す傾向があります。

日本を代表するビジネス街、東京・丸の内にある人気洋菓子店に話を聞くと、ホワイトデーの実店舗の売上がバレンタインデーを上回っているそうです。また、都内のある有名チョコレート店でも、ホワイトデーの売上がバレンタインデーを超える年があり、特に高単価の商品がよく売れる傾向があるそうです。

私は「もらったものより高いものをお返しする」とは大変なことではないかと思い、時折そっと男性たちにその胸の内を聞いてみることがあります。「ホワイトデーの準備、大変じゃないですか？」

そう尋ねると、別に大変ではないという人もいれば「バレンタインのチョコは基本的にうれしいけど、お返しはわりと大変」「何を選べばいいのかよくわからない」とさまざまです。「毎年、妻がお返しを準備してくれる」という人もいました。どうやら、チョコをもらうのはうれしいものの、お返し選びが負担になっている男性も少なくないようです。社内での「儀礼チョコ」を廃止することは、男性のホワイトデーの負担軽減にもつながっているのです。

最近は、ホワイトデーに何も贈らないという声も聞くようになりました。理由は、親しい間柄や友人同士ならバレンタインデーに同時にチョコを交換するので「贈答」がその1日で完結するからです。また、ホワイトデー以外の日に、旅行のお土産やお裾分けなど、別の機会にバレンタインデーのお返しをすることもあるようです。

コラム：日本のチョコレート、ことはじめ

日本最古のチョコレートの記録は長崎にある「しょくらあと六つ」。

これが日本にチョコレートが伝わったことがわかる、最古の記録です。江戸時代末期の1797年（寛政9年）、長崎の出島でオランダ人と交流した寄合町の遊女大和路が、チョコレートを受け取ったと記された控帳が残されています。

長崎の丸山花街・寄合町の「寄合町諸事書上控帳」にある、江戸時代の記録に「しょくらあと六つ」という記述があります。しょくらあと六つ、つまり6個のチョコレートを贈り物として受け取った、ということになります。当時の丸山の遊女たちは、出島のオランダ屋敷に出入りすることができました。そのためオランダ人との交流があり、贈り物を受け取ったのです。

続いて、1800年（寛政12年）です。廣川獬《ひろかわかい》が刊行した「長崎聞見録」に、今度は「し

ょくらとを」という言葉が出てきます。しょくらとを、がチョコレートのこと。廣川獬は、京都の蘭方医で、華頂親王の侍医を務めた人物です。彼が長崎で見聞きし、調べたことを記した目録の中に、以下のような一節があります。

「しょくらとをは。紅毛人の持渡る腎薬にて。形獣角のごとく。色阿仙薬に似たり。其味ひは淡なり。其の製は分暁ならざるなり。服用先熱湯を拵へ。さてかのしょくらとをを三分を削りいれ。次に鶏子一箇。砂糖少し。此の三味茶筅にて。茶をたつるごとく。よくよく調和すれば。蟹眼でる也。是を服用すべし。」

今の言葉にすると

「「しょくらとを」は西洋から伝わった薬で、その形は獣の角のようで、色は阿仙薬に似ています。味は淡白で、その製法は不明。服用する際は、まず熱湯を用意し「しょくらとを」を三分（1センチほど）削り入れます。次に卵1個と少し砂糖を加えます。その3つを茶筅でお茶を立てるようにしっかりと混ぜ合わせると、泡立ちます。この混ぜ合わせたものを服用すべし」

ということになります。この頃、チョコレートは薬と考えられていたことがわかります。

幕末から明治にかけて

幕末期には、徳川慶喜の弟にあたる徳川昭武が、フランス・シェルブールでココアを味わったとされています。１８６７年（慶応3年）にパリ万国博覧会を訪れたときのことが「徳川昭武幕末滞欧日記」に記されています。「朝８時、ココアを喫んだ後、海軍工廠を訪ねる」。朝、チョコレートドリンクかココアを飲んでから、海軍の工場へ出かけた、という記録です。

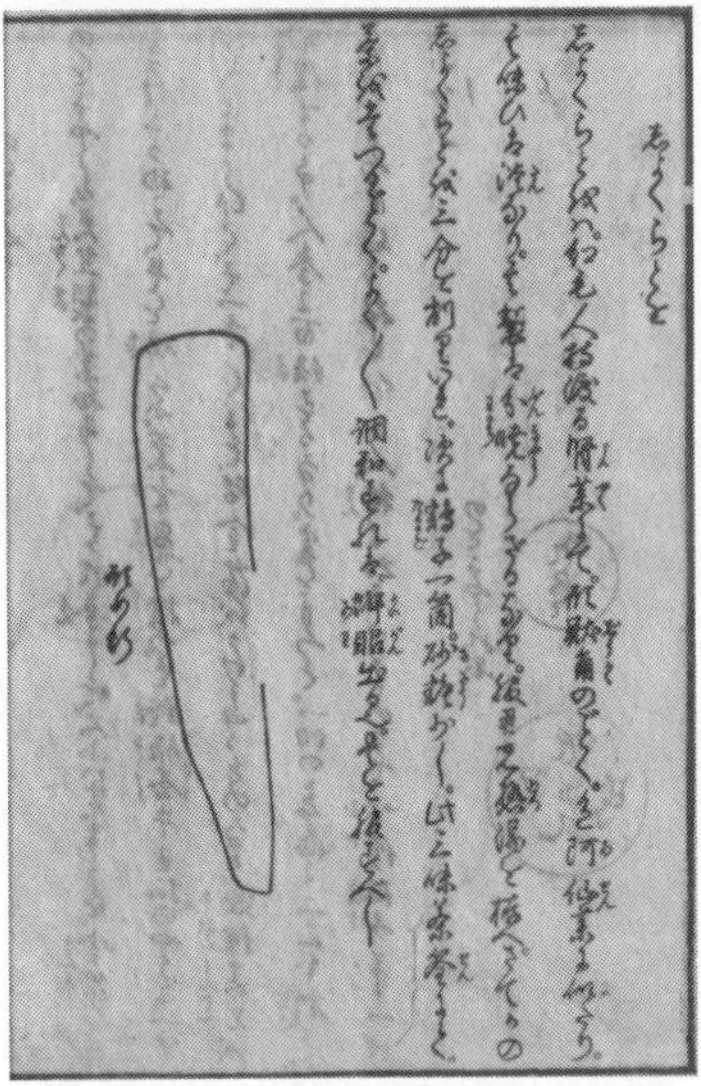

『長崎聞見録』（国文学研究資料館所蔵）
出典：国書データベース
https://doi.org/10.20730/200021765

明治時代にも、日本人がフランスでチョコレートを味わっています。１８７１年（明治4年）から１８７

「かなよみ新聞」（1878年12月発行）
に掲載された米津凮月堂の広告

3年（明治6年）にかけて、明治新政府は、岩倉具視を特命全権大使とし、木戸孝允・山口尚芳・伊藤博文・大久保利通を副使とする使節団を、アメリカとヨーロッパへ派遣しました。1873年には、岩倉使節団がフランスを訪れ、1月21日にパリ郊外のセーヌ川北岸にあるチョコレート工場を訪問し、そこでチョコレートを味わったとされています。このことは「米欧回覧実記」に記されています。

日本初のチョコレート製造とその発展

明治時代になると、日本で初めてチョコレートが作られました。日本初のチョコレートは、東京両国若松町で米津凮月堂を開業した米津松造によって作られました。東京凮月堂の社史によると、1878年（明治11年）12月21日付の「郵便報知新聞」に「この度、ショコラートを新製せるが、一種の雅味

1918年に発売された当時の森永ミルクチョコレート

ありと。これも大評判」と報じられています。同年12月24日付の「かなよみ新聞」には、チョコレートの広告が掲載されました。「頗《すこ》ぶる芳味ある滋養物の菓子」と説明され、チョコレートは「貯古齢糖」と表記されています。

その21年後にあたる１８９９年（明治32年）には、アメリカで製菓技術を学んだ森永製菓の創業者・森永太一郎が帰国し、東京でチョコレートクリームを作り、販売しました。１９０９年（明治42年）には、日本初の板チョコレート「１／４ポンド型板チョコレート」が完成、販売が始まりました。

チョコレートが生まれたものの、明治時代の日本人の多くは、簡単にその味を受け入れられませんでした。乳製品入りのチョコレートを「バタ臭い」と避ける人もいたり、チョコレートは牛の血を固めたもの、といった噂まで流れたようです。

大正時代に入ると、1913年（大正2年）には、不二家洋菓子舗（現在の不二家）、1914年（大正3年）には、芥川松風堂がチョコレートの販売をスタート。

1918年（大正7年）には、日本で初めて森永製菓がカカオ豆から一貫製造を行い、原料用ビターチョコレートが誕生しました。それまで原料チョコレートやカカオバターは海外から輸入されていたため、画期的なことです。場所は、東京第一工場（東京都港区芝）です。「森永ミルクチョコレート」も同じ年に発売となりました。

1918年には、東京菓子（のち明治製菓となり現在は明治）がチョコレートの販売を始めました。明治製菓がカカオ豆からのチョコレート一貫製造を始めたのは、1926年です。場所は川崎工場で、この年に「明治ミルクチョコレート」が生まれました。日本国内でのチョコレートの大量生産が可能となり、日本のチョコレート消費は急速に拡大しました。

戦争と代用チョコレート

1937年（昭和12年）になると、戦争が日本のチョコレート産業に影を落とします。

日中戦争が始まった1937年に、カカオ豆の輸入制限令が発令されました。軍需用品以外のものの輸入に制限がかかったからです。1940年になると、商用のチョコレートの製造は中止されてしまいました。

1941年（昭和16年）には、チョコレートの代用品が生まれました。カカオ豆が手に入らなくなったのです。カカオに代わるものとして、当時の記録によると、チューリップや百合の球根、決明子《けつめいし》、オクラ豆に、醤油油（醤油の製造過程の副産物）やヤシ油などを加えた、チョコレート風の食べ物が作られました。

「代用グルコースチョコレート」が生産されたのは終戦の年、1945年（昭和20年）です。グルコースを主原料に少しカカオパウダーを配合した甘い食べものです。通称「グルチョコ」は生産が追いつかないほどの売れ行きでした。1949年（昭和24年）には、東京都復興宝くじの景品用として、約80万枚もの「グルチョコ」が納品されたという記録も残されています。

戦後から現代へ

1950年（昭和25年）にカカオ豆の輸入が始まり、チョコレート生産が順調に再開するのは1951年（昭和26年）頃からです。1960年には、カカオ豆、ココアバターの輸入が自由化し、ようやくチョコレートが日本でまた作られるようになり、チョコレートの消費は、次第に増加していきました。

日本にチョコレートが伝わってから約150年が経ち、今や日本人はチョコレートが大好きな国民となりました。歴史とともに歩んできた日本のチョコレートの物語は、この先、どのように紡がれていくでしょうか。

第2章

日本と高級チョコレート

1　日本に花開いた高級チョコレートの文化

日本に生まれた高級チョコレート文化

　戦後、日本の経済成長に伴って、甘いお菓子への需要が急速に拡大しました。１９５０年代から１９７０年代にかけての高度成長期は、洋風の食文化が日本に定着していった時代でもあり、チョコレートも広く受け入れられました。日本の大手メーカーが手頃な価格で美味しいチョコレートを製造・販売したことによって、多くの日本人がチョコレートに親しみ、その魅力は日常へと広がっていきました。

　そんな日本に、有名なヨーロッパの高級チョコレート店が上陸したのは、１９７０年代のことです。２０００年頃には生チョコが大ブームになりました。続いて東京を中心に高級チョコレートブームが到来し、宝石のようなチョコレートが、日本の贈り物文化に輝きをもたらしました。この章では、日本にどのように高級チョコレートが定着したのかを振り返ります。

1972年にゴディバが日本上陸

高級チョコレート、と聞いて多くの日本人がまずイメージするのは「ゴディバ」ではないでしょうか。ゴディバはベルギーの首都・ブリュッセルで1926年（大正15年）に創業した、もともとは家族経営だったチョコレート店です。日本に初めて店がオープンしたのは1972年（昭和47年）で、場所は東京の日本橋三越でした。現在は百貨店やショッピングモールを中心に店舗を増やし、日本国内に350店舗以上（2024年現在）を展開するまでに成長しています。

ゴディバの認知度は高く、日本で最もよく知られているプレミアムチョコレートブランドと言えるでしょう。ほぼすべての都道府県にゴディバの直営店があり（百貨店の閉店にともない、山形県のみ2020年から直営店がありません）、現在はカフェやパンを製造販売する店も展開しています。

日本で最も有名な高級チョコレートブランドとなったゴディバは、日本でどのようなスタートを切ったのでしょうか。

ゴディバの日本事業は、食品商社の片岡物産による輸入販売から始まりました（2015年に片岡物産との契約が終了、現在はゴディバ ジャパンが運営）。1972年、第一号店の場所に東京・日本橋の老舗百貨店を選んだのは、高級感を重視したブランディングのためで

1972年、日本橋三越にオープンしたゴディバの第一号店

す。ベルギーから届いたチョコレートは、一粒がまるで宝石のようにディスプレイされていました。チョコレートを入れる箱やリボンは金色に輝き、ひときわ高級感がありました。

当時、ゴディバのチョコレートは1粒120円でした。同じ時期の一般の板チョコは1枚50円です。しかもゴディバの1粒の重さは板チョコ1枚の半分以下だったのですから、価格には大きな差がありました。

ゴディバは日本橋三越を日常的に利用する東京の裕福な顧客から人気が広がり、高級チョコレート＝ゴディバというイメージが定着していきました。

チョコレートが大人のギフトに

ゴディバは、日本でそれまで、主に子どものおやつとして認識されていたチョコレートのイメージを大人の嗜好品へと変えました。チョコレートが高級な贈答品として位置づけられていったのです。

ちなみに私自身がゴディバを知ったのは、1980年代半ばのことですが、今もその時のことをよく覚えています。それまで私は、スーパーなどで手に入るチョコレートで十分満足していましたので、まるで別世界のチョコレートに遭遇したかのような驚きがありました。金色のボックスから大ぶりのプレーントリュフをそっと手に取ったときの感触や、箱を開けたときのかすかな音が、今でも記憶に残っています。チョコレートに憧れを抱いたのは、初めてでした。

自分のお金でゴディバのチョコレートを買いに行くようになってからは、小さなトングで丁寧に扱われた一粒一粒が美しく箱詰めされ、上品なリボンをかけてもらう待ち時間も好きで、豊かなひとときを味わっていました。

日本で生まれた高級チョコレート店

ゴディバが日本に高級チョコレート市場の基盤を築き、続く1970年代の終わりから1980年代にかけては、スイスのチョコレート文化に影響された職人たちが高級チョコレート専門店をオープンしました。

1977年には、チョコレート専門店の「GRIMM」が東京・江古田で創業（現在は目白の「99 ROUTE DU CHOCOLAT」）、市川成孝さんがスイス産のチョコレートを使い、スイスの伝統的な製法でトリュフチョコレートを作って販売しました。

1982年に東京・白金台にオープンしたのは「ショコラティエ・エリカ」です。1階は売り場とティールーム、2階にチョコレートのアトリエがあり、スイスでチョコレート作りを学んだ創業者の神田光三さんによる、高級感あふれるチョコレートが並んでいました。ハンドメイドのトリュフチョコレートをはじめ、マシュマロやくるみを入れたミルクチョコレートの「マ・ボンヌ ブロック」、スイートチョコレートとミントが香るホワイトチョコレートを重ねた、小さな葉っぱの形の「ミント」は代表的な人気商品です。

1988年には札幌でチョコレート専門店「ショコラティエ マサール」が創業しました。創業者の古谷勝さんは、フランスやスイス、アメリカを訪れ、海外のチョコレートに魅せられてチョコレート専門店を開きました。当初は手作りのトリュフチョコレートを販売しましたが、札幌で高級チョコレートはなかなか理解されず、何年かは売れ残る日々が続いたそうです。

専門店の手作りチョコレート人気をバレンタインが後押し

1980年代になると、バレンタインの風習が広く日本に浸透し、チョコレート人気を大きく押し上げることになります。当時ハンドメイドの高級チョコレートには一際特別感があり、おしゃれなバレンタインギフトとして注目されたのです。

東京・白金台の「ショコラティエ・エリカ」のスタッフの方によれば、1982年の創業後間もなく、毎年冬になるとバレンタインギフト向けチョコレートの注文が急増したそうです。バレンタインデーの習慣が定着して、個人だけでなく、企業も顧客にチョコレートをプレゼントするようになったのです。バレンタインシーズンには遠方からも多くの人が訪れ、ショコラティエもスタッフも、休む間がないほど忙しい日々が続きました。当時の様子を知る人によると「ショコラティエ・エリカ」のチョコレートは、生ケーキ以上に高級感があり、特別な存在だったそうです。

1983年に東京・三田で創業した洋菓子店「グーテ・ド・ママン」のオーナー、三富恵子さんによると、創業初年度からバレンタイン向けに作るトリュフチョコレートは、作るそばから売り切れるほどの人気ぶりでした。人気女性雑誌の「セブンティーン」「Olive」「non-no」などに掲載されると、都内はもちろんそれを読んだ地方の女性たちも全国からチョコレート目当てに店を訪れました。当時、チョコレート専門店や洋菓子店が手作りする、中がガナッシュで柔らかいトリュフチョコレートは、特別なチョコレートを贈りたいという女性たちの絶大な支持を得ていました。

銀座・和光「ショコラ・ド・パリ」

１９８８年には、銀座・和光がチョコレート店「ショコラ・ド・パリ」をオープンしました。和光の前身である服部時計店は、１８８１年（明治14年）に東京・銀座で開業。時計や宝飾品、銀器、眼鏡など、欧米から輸入した上質な品を扱い、その小売部門を継承して１９４７年に誕生したのが和光です。そして、１９８４年に初めて食品部が設立されました。

和光のチョコレートの歴史が始まったのは、１９８８年1月29日です。「ショコラ・ド・パリ」が生まれたきっかけは、初代食品部長の久下晴夫さんがヨーロッパ出張中に、パリで目にした光景でした。紳士が日常的に自分のためにチョコレートを買い、楽しむ姿を見た久下さんは「この文化を日本でも広めたい。甘いものが苦手な紳士でも楽しめるチョコレートを作りたい」との想いを抱き、パリの本格的なチョコレートを和光で製造・販売することを決意しました。

チョコレート作りを手がけた初代のシェフは、ヨーロッパで修業を積んだ職人の川口行彦さんです。シェフに就任することが決まった川口さんは、再度パリへ渡って「ラ・メゾン・デュ・ショコラ」でチョコレートを学び、帰国後は最高品質の原材料を調達してチョコレー

1988年1月29日にオープンした和光「ショコラ・ド・パリ」

トを製造しました。「ショコラ・ド・パリ」は、当時まだ珍しかったパリ風の本格的なチョコレート専門店で、大人が楽しめるチョコレートをコンセプトに掲げていました。店内のショーケースには25種類以上の新鮮なボンボンショコラが並び、店の奥にはチョコレートドリンクを楽しめるカウンターがありました。

銀座で生まれたフレッシュな一粒チョコレート

和光の「ショコラ・ド・パリ」は、日本で初めてパリ風のフレッシュで繊細な味わいの一粒チョコレートを製造・販売した専門店です。

チョコレートの特徴は、まずその新鮮さにあります。生クリームやフレッシュバター、フルーツなどを使用したガナッシュやプラリネの外側に、薄くチョコレートがコーティングされています。和光はこのチョコレートを「ショコラ・フレ」と名付けました。これはフランス語で「フレッシュな（新鮮な）チョコレート」を意味します。和光のボンボンショコラは、今も「ショコラ・フレ」という名称で受け継がれ、日本のチョコレートの歴史を伝えています。

バブル経済の最中に銀座通りにオープンした最新のチョコレート店は、男女を問わず多くの大人を魅了しました。その後、銀座には次々とヨーロッパの高級チョコレートブランドが登場し、チョコレートの街と呼ばれるようになっていきます。

フランスのチョコレート文化が日本で広がる

１９９０年前後からは、日本ではフランスの高級チョコレートが注目を集めるようになりました。その背景には、１９７９年にフランスの高級製菓用チョコレート「ヴァローナ」の輸入を目的に設立された日本の商社「サンエイト貿易」の存在があります。同社の社長だった伊部幸雄さんは、フランスのチョコレート文化を日本に広めた立役者です。商社の社員としてパリに駐在していた伊部さんは、１９７７年に創業した「ラ・メゾン・デュ・ショコラ」と翌１９７８年に出会い、創業者ロベール・ランクス氏と親交を深めました。そこでメゾンで使用されていた「ヴァローナ」に感銘を受け、これを日本に輸入するための会社を設立したのです。

伊部さんはその後も、フランスと日本の企業や職人をつなぐ架け橋となりました。和光が「ショコラ・ド・パリ」を立ち上げる際にも、和光とパリの「ラ・メゾン・デュ・ショコラ」を結ぶ重要な役割を担い、フランスから職人を日本に招いて技術を伝えるなど、日本のチョコレート文化の発展に貢献しました。

ヴァローナのチョコレートは、それまで日本で主流だったマイルドで甘いチョコレートとは異なり、特にダークチョコレートには、カカオ本来の苦味や酸味を活かしたものが多く、職人たちの関心を集めました。

1990年には、老舗洋菓子店「コロンバン」(1924年創業)がラングドシャクッキーのチョコクリームサンドにヴァローナのチョコレートを使用し、店頭でヴァローナのボンボンショコラや板チョコレートを販売しました。福岡の「チョコレートショップ」も、1980年代後半からヴァローナのチョコレートを仕入れて使っていたそうです。フランスで修行した職人も、帰国後にヴァローナを使い始め、チョコレートは甘いお菓子から、繊細な味覚を楽しむものになっていきました。

1991年12月には、東京にパリの有名ショコラティエの店がオープンしました。当時パリ7区の高級住宅街にあった「ミッシェル・ショーダン」が、銀座（松坂屋銀座店）の地下一階に店を構えたのです。ショーケースには有名ショコラティエのミッシェル・ショーダン氏のレシピによるボンボンショコラが販売され、カフェスペースでは、フランス伝統のチョコレートドリンク用ポットを使ったショコラショー（チョコレートドリンク）が提供されました。銀座でフランスのチョコレート文化を伝え、高級チョコレートブームの先駆けとなりました。

（ヴァローナは現在、ヴァローナ ジャポンが日本での輸入販売代理店／ミッシェル・ショーダンは松坂屋銀座店閉店とともに閉店、今はオンラインやイベントで販売）

2　高級チョコレートブームが到来

日本に高級チョコレートブームが到来したのは、1990年代後半から2000年代初頭のことです。海外のショコラティエが続々と日本に店を開き、特に東京・銀座は高級チョコレートブームを牽引する街となりました。

熱心なチョコレート愛好家だった私は、輝くようなあの時代のことを鮮明に覚えています。新しいチョコレート店がオープンするたびに心が躍り、毎日のように情報を追いかけたあの頃を思い出しながら、1998年から2009年にかけての出来事を振り返ってみることにしましょう。

〈1998年〜1999年〉

ラ・メゾン・デュ・ショコラ

まずは1998年、東京・表参道にフランス・パリの有名なチョコレート専門店「ラ・メゾン・デュ・ショコラ」がオープンしました。場所は、表参道交差点近くにあった「ハナエ

・モリビル」の一階です。丹下健三さんの設計による「ハナエ・モリビル」は今は取り壊されてなくなりましたが、今も美しいガラス張りの建物の面影とともに、チョコレートを買いに表参道へ出かけたときの、ときめくような気持ちを覚えています。

ミュゼ・ドゥ・ショコラ テオブロマ

1999年には「ミュゼ・ドゥ・ショコラ テオブロマ」が東京・渋谷にオープンして話題となりました。松坂屋銀座店にあった「ミッシェル・ショーダン」でシェフを務めていた、土屋公二さんが独立して開いたチョコレート専門店です。土屋さんはパリの有名ショコラトリー、パティスリーで修行し、ミッシェル・ショーダン氏のもとで学んだチョコレート職人です。

〈2000年〜2002年〉

サロン・デュ・ショコラ 幻の第一回

これは知る人ぞ知る話なのですが、「サロン・デュ・ショコラ」の第一回が、2000年2月に開かれました。伊勢丹（現在の三越伊勢丹）が開催するようになる3年前のことで、場所は東京国際フォーラムでした。

当時のメモによると、私が出かけたのは2月12日（土）。クレージュやパコ・ラバンヌによるチョコレートで作られたドレスのファッションショーが行われ、ジャン＝ポール・エヴァンやボワシエといったフランスのチョコレートブランドや菓子ブランド、ワインメーカー、日本からはメリーチョコレートや森永が出店していました。ただまだこの頃は、高級チョコレートが日本であまり浸透しておらず、来場者も少なかったせいか、広々とした会場をゆったりと歩きながら買い物を楽しんだ記憶があります。

ピエール マルコリーニ

２００１年には、銀座に「ピエール マルコリーニ」がオープンしました。新進気鋭のベルギーのショコラティエの日本上陸です。マルコリーニさんは、１９９５年にパティシエの世界大会「クープ・デュ・モンド・ドゥ・ラ・パティスリー」で優勝したベルギー代表チームの一員で、伝統的なベルギー風の大粒なチョコレートを洗練させ、新しい時代のベルギーチョコレートを作っていました。

開店した当時の銀座の路面店はチョコレート色の建物で、よくパフェなどを味わいに行ったものです。２０１５年に銀座本店は建て替えられましたが、今も当時の面影があります。

ジャン＝ポール・エヴァン

2002年には、パリのスターショコラティエ、ジャン＝ポール・エヴァンさんの店が伊勢丹新宿店にオープンしました。「ジャン＝ポール・エヴァン」の店は地下にあり、まるでジュエリーショップのような高級感がありました。最も驚いたのは当時、入り口でドアマンが扉を開けてくれたことです。主にチョコレートのために室内の温度と湿度を管理することが理由でしたが、店を訪れた誰もが特別な気分になったことでしょう。

ひんやりした店内には「バー ア ショコラ」と呼ばれるカフェが併設され、いつも静かにショコラ ショ（ホットチョコレート）やチョコレートケーキを味わうことができました。

デカダンス ドュ ショコラ

2002年には、日本でレストランなどを経営する株式会社グローバルダイニングが運営する高級チョコレートの店「デカダンス ドュ ショコラ」が開店しました。当時東京・代官山にあった本店は、外国人の住居だった洋館を改築した店で、アンティーク家具が並び、シャンデリアがきらめく大人のための空間でした。「大人が虜《とりこ》になるような高級な嗜好品」をテーマにチョコレートや焼き菓子を販売していました。

〈2003年〉

ル ショコラ ドゥ アッシュ

2003年に開業した六本木ヒルズに「ル ショコラ ドゥ アッシュ」が開店しました。場所は高級店が立ち並ぶ、六本木けやき坂通りです。人気パティシエの辻口博啓《ひろのぶ》さんによるチョコレートブランドとあって、平日でも行列ができるほどの人気ぶりでした。

私もよく足を運びましたが、今も心に残っているのは黒トリュフのボンボンショコラです。値段はなんと一粒1000円！ 愛好家だった私も驚く、私にとっての史上最高値でした。私が2003年にスタートしたチョコレート情報専門ブログの最初の記事は、この黒トリュフのチョコレートの感想です。

オリジンーヌ・カカオ

2003年には、和光の初代シェフだった川口行彦さんが独立し「オリジンーヌ・カカオ」を自由が丘に開きました（現在は閉店）。いつ訪れても精巧に作られたチョコレートやケーキがショーケースで輝いていました。特に印象的だったのは、「ケッツァ」というカカオ分80%のチョコレートを使った濃厚なケーキです。

カフェではカカオパルプ（カカオの果肉）のジュースが提供され、いち早くカカオの魅力を伝えていた先進的な店でした。

エコール・クリオロ

フランス・プロヴァンス出身で、ヴァローナ ジャポンでプロ向けの技術指導やレシピ開発をしていたサントス・アントワーヌさんが、2003年に東京豊島区でチョコレートが美味しいパティスリーを開きました。店名の「クリオロ」はカカオの品種のことです。

ベルアメール

2003年、東京・代官山にできた「ベルアメール」は、日本ならではの魅力を生かした高級チョコレートを発信しました。日本の四季やイベントをボンボンショコラや、カラフルな丸い板チョコ「パレショコラ」で表現して人気を集めました。

サロン・デュ・ショコラが新宿伊勢丹でスタート

2003年は、日本の高級チョコレートブームを牽引したイベント「サロン・デュ・ショコラ」が伊勢丹新宿店で初めて開催された年です。1995年にパリでスタートした同名のチョコレート展示見本市を、当時の伊勢丹の担当者がぜひとも日本に紹介したいと熱望し、

「百貨店の催事」として持ち込んだのが日本の「サロン・デュ・ショコラ」です。フランスを中心に、海外から輸入される高級チョコレートが毎年会場で販売されて、話題となりました。

〈2004年～2006年〉

デルレイ

2004年には、ベルギー・アントワープの老舗パティスリー「デルレイ」がチョコレート専門店を東京・銀座に開き、宝石のようにラグジュアリーなダイヤモンド形のチョコレートが、話題となりました。2006年には、表参道店がオープンしました。

パティスリー・サダハル・アオキ・パリ

2005年には、パリを拠点に活躍していた有名パティシエ・ショコラティエの青木定治さんが「パティスリー・サダハル・アオキ・パリ」の日本一号店を東京丸の内にオープンしました。フランス国内で評価の高い、洗練されたチョコレートやお菓子は、多くのチョコレート愛好家の心をつかみました。白を基調にしたスタイリッシュなブティックには、パリから直輸入されるチョコレートやお菓子が並び、連日行列ができるほどの人気ぶりでした。

ショコラティエ・ミキ

2006年には、東京世田谷区の千歳烏山に小さなチョコレート店「ショコラティエ・ミキ」ができました。国産チョコレートメーカーの大東カカオでチョコレートの開発に関わっていた宮原美樹さんが開いた店で、宮原さんが一粒ずつ丁寧に手作りするボンボンショコラが愛好家の間で評判となりました。

〈2007年〜2009年〉

ブルガリ イル・チョコラート

2007年に、イタリア・ローマ創業の世界的な宝飾ブランド「ブルガリ」が、チョコレートブランド「ブルガリ イル・チョコラート」を東京で立ち上げました。世界の他のどの都市でもなくブルガリが東京を選んだ、という事実だけでも、当時の高級チョコレートブームの活況ぶりが伝わるでしょう。

ブルガリはチョコレートをジュエリーと同等に扱い、一粒チョコレートを「チョコレート・ジェムズ」（チョコレートの宝石）と呼びます。世界的な宝飾ブランドの名にふさわしい、高級感あふれるパッケージにも注目が集まりました。

キャギ ド レーブ

サロン・デュ・ショコラ東京に出店し、愛好家が注目した大阪のブランドもあります。「キャギ ド レーブ」（大阪松屋町）は、2007年の創業時からマダガスカルの契約農園からカカオ豆を直接仕入れ、併設の工房でチョコレートを一貫製造していました。現在はカカオ豆からの製造を行っていませんが、変わらず素材を重視したチョコレートを製造しています。

カカオサンパカ

2009年には、スペイン・バルセロナのチョコレート専門店「カカオサンパカ」が東京・丸の内に第一号店を開きました。板チョコレートのシリーズ「ラジョラス」をはじめ、店内で味わえるチョコレートのソフトクリーム「ジャラッツ」が話題となりました。

高級チョコレートブームを振り返り

2000年頃からのブームを、東京を中心に駆け足で振り返りました。高級チョコレート店が次々とオープンしたこの時期、愛好家だった私は心を躍らせていました。もうヨーロッパへ行く友人に頼まなくても、有名なチョコレートがいつでも手に入るようになったからです。
とはいえ、当時はまだ高級チョコレートの愛好家は少なく、2003年にペンネームで始めたチョコレート情報ブログだけが、愛好家さんと情報を交換できる唯一の場でした。今では、かつて「誰それ？」とまわりに不思議がられていたショコラティエの名前が、日常的にネットやSNSで飛び交っています。こんな未来が訪れるとは、夢にも思っていませんでした。

〈かつて私が通ったチョコレート店〉

「レダラッハ」（東京・青山の骨董通り）：スイスのチョコレートブランドで、特にみつばち形のチョコレートやトリュフが私のお気に入りでした。可愛らしくて美味しく、よく足を運びました。スイスの店舗へも訪れたことがあります。一時期、銀座三越にもお店がありました。

「オリオールバラゲ」（東京・白金台）：2004年にオープンしたバルセロナ発のブランドで、トウモロコシやサフラン風味のカカオ形ボンボンショコラがありました。モダンなインテリアと独特な照明が、チョコレートをまるでアート作品のように際立たせていました。

3　日本人が熱狂した生チョコの歴史

「生チョコ」は日本生まれの、日本人が大好きなチョコレートです。日本では2000年頃「生チョコブーム」が巻き起こりました。水分量が多く、口の中でスーッととろけるなめらかさ。その独特の味と口どけに日本人は夢中になりました。

ここでは、当時日本が熱狂した「生チョコ」のルーツを振り返ります。また、チョコレート業界の人であってもまだほとんどの方が混乱している「生チョコ」と「石畳チョコレート」の関係についても整理していきます。

生チョコという名は平塚生まれ

日本の「生チョコブーム」には、多くのブランドやチョコレートが関わっています。まず「生チョコ」という言葉の使用については、1980年代まではごく一部のメーカーが「生チョコレート」や「生チョコ」という言葉を、生クリームやフルーツを使用した賞味期限の短い一粒チョコレートの呼称として使っていました。

発売当初のシルスマリアの「生チョコ」はパッケージがなかった

今お馴染みの「生チョコ」は、１９８６年（昭和61年）に神奈川県平塚市八重咲町にあった洋菓子店「スイス菓子 シルスマリア」で生まれました。当時、同店のオーナーシェフだった小林正和さんによると「トリュフの外側のない、なめらかな口どけのチョコレートを目指して試作を繰り返し、ようやく理想とするチョコレートのレシピが完成した」そうです。「生チョコ」という名は、小林さんが店の人気商品だった生クリーム入りの「生パイ」にちなみ、また、フレッシュさを感じさせると同時に覚えやすい3文字にしようと考えてつけたそうです。

キューブ状にカットされた柔らかな「生チョコ」は、１９８６年から平塚市の店で販売され、その美味しさが話題となって１９８８年からは都内をはじめ各地の催事で販売されました。各地で大ヒットした「生チョコ」には「公園通りの石畳」という商品名がつけられ、1989年に神奈川県指定銘菓に認定されています（商品名の由来は店の前にあった大きな公園に面した通りの名前と、店のショーケースの前に敷き詰められていた石畳）。小林さんは、その頃から全国各地のプロ向けの講習会で「生チョコ」の作り方を広く公開したため、「生チョコ」は日本に広がっていきました。

銀座で大ヒットした「銀座の石畳」

「生チョコブーム」は、いくつもの相乗効果によって生まれました。そのひとつが、1988年に東京・銀座で発売されて人気を集めた「シェ・シーマ」の「銀座の石畳」です。「銀座の石畳」は、松屋銀座にオープンした「シェ・シーマ」のシェフだった、島田進さんが開発したチョコレートです。こちらは、1930年代にスイス・ジュネーブで生まれた「パヴェ・ド・ジュネーブ（ジュネーブの石畳）」をイメージして作られた当時の最新作でした。当時の松屋銀座の売り場担当者によると「販売開始から数年後には海外ブームで舌の肥えた人が増え、人気雑誌で取り上げられたことも影響して大ヒット商品だった」そうです。ヨーロッパ各地で修行を積んだ島田さんは、本場の「ジュネーブの石畳」のような、なめらかな口どけと独特のかみごたえを再現するため試行錯誤を重ね、新しい風味と口どけを実現させました。

「銀座の石畳」は「生チョコ」とは由来が異なりレシピも違いますが、濃厚な生クリームが使われ、外側がチョコで覆われず生感があったことから、こちらも同じく「生チョコ」と呼ばれるようになりました。結果として「銀座の石畳」の人気は「生チョコ」ブームを大きく押し上げることになりました。

ロイズの「生チョコレート」

さらに生チョコブームを牽引したのが、北海道の「ロイズ」です。ロイズの広報担当者によると、「山崎社長がヨーロッパを視察した際、「トリュフやプラリネの中にある柔らかいチョコレートを単独で食べたら美味しいのではないか」との発想から、開発スタッフが研究を重ねた」結果、生まれたのが「生チョコレート」という商品です。

ロイズは1990年頃開発をスタートし、まずは北海道内の直営店で「生チョコレート」を冬季限定商品として販売を始めましたが、ヒットの契機となったのは1995年に千歳空港で冷蔵ケースに入れて販売したことです。客室乗務員の口コミが話題となって、メディアを通じて生チョコブームを大きく盛り上げることになりました。

ロイズの「生チョコレート」は、北海道の生クリームを使用しているのが特徴です。また、

「要冷蔵」と記載されたチョコレートが空港で冷蔵ケースに入れて販売されるのは、当時としては目新しいことでした。

皇太子さまにまつわるスイスの石畳チョコレート

最後にもうひとつ、生チョコブームに火をつけた出来事があります。それは、1993年のバレンタインデーに、皇后陛下（当時は小和田雅子さん）が天皇陛下（当時は皇太子殿下）へお贈りしたのが、スイスの老舗「ステットラー」の「ジュネーブの石畳」だったと、テレビや雑誌が報じたことです。

形が似ていたことから「ジュネーブの石畳」は「スイスの生チョコ」などと呼ばれるようになり、ここで多くの日本人がスイスの「石畳チョコレート」＝「生チョコ」と認識しました。この話題も日本の「生チョコ」ブームをさらに盛り上げることになりました。

私はニュースから24年後の2017年にスイス・ジュネーブのステットラーを訪れましたが、その時でさえ「皇太子さまへのバレンタイン・チョコは〝ジュネーブ空輸品〟⁉」という見出しの日本の雑誌らしき記事が、店の壁に額に入れて貼られていて驚いてしまいました。

スイスの石畳チョコレートは生チョコレートではない

私は2度にわたるジュネーブ取材で、ステットラーをはじめ数社の「パヴェ・ド・ジュネーブ（ジュネーブの石畳）」を味わいました。しかし、いずれも生クリームが使われておらず、現在の日本の「生チョコレート」の規格には当てはまりません。口どけも日本の「生チョコレート」とは異なります。

広く「パヴェ・オ・ショコラ（石畳チョコレート）」とも呼ばれるこのチョコレートは、スイス生まれで、粉糖やカカオパウダーがかけられたものは「パヴェ・グラッセ（冷たい石畳）」としても親しまれています。ヨーロッパの街に今も残る、紀元前のローマ街道で使われた石畳（パヴェ）。その石畳に使われるサイコロ形の石をイメージして作られたのが、このチョコレートです。

ブーム後にできた日本の「生チョコレート」の規約

「外観類似　品質バラバラ　定義も規格もないまま商品名が独り歩き」。１９９８年3月10日の読売新聞に、そんな見出しが踊りました。生チョコブームの混乱を伝える内容で、日本国内で「生チョコ」に明確な定義や規格が存在しないことが問題視されていたことがうかがえます。

消費者の混乱を防ぐために、2002年6月、全国チョコレート業公正取引協議会は「生チョコレート」の表示基準を作り、規約として規定しました。「チョコレート類の表示に関する公正競争規約及び施行規則」（消費者庁と公正取引委員会から認定されたルール）を要約すると「生チョコレート」は以下の条件を満たす必要があります。

チョコレート生地が全重量の60％以上、クリーム（乳脂肪だけのもの）が10％以上で、水分は10％以上であること。そのチョコレートにココアパウダー、粉糖、抹茶等の粉体可食物をかけたものなどで、それらの基準に合うチョコレート又はチョコレート菓子であること、などです。

つまり「生チョコレート」という名称で販売するには、一般のチョコレートに比べて水分の割合が多く、クリームが一定量使用されている必要があります。この日本独自の「生チョコレート」の規約は、日本の生チョコブームがきっかけとなって作られました。

同時多発的に各地で

生チョコブームの起源を辿っていると、興味深い点が見えてきます。それは、同じ時期に全国各地でなめらかな口どけのチョコレートや、生クリームを使用したチョコレートが誕生していることです。

1942年創業のチョコレート店「チョコレートショップ」の代表・佐野隆さんによれば、1990年前後に創業者である父親の佐野源作さんが「銀チョコ」という名のチョコレートを作り出し、人気を集めたそうです。アルミホイルに包まれていたためにこの名がついたそうですが、振り返ると現在の「生チョコレート」のようなレシピだったそうです。

生クリーム入りのロッテの板チョコレート「V.I.P」も1988年に発売されています。バブル経済がピークを迎えたこの頃、日本では高級志向が広がり、消費者は高品質で洗練された食品を求めるようになっていました。これに応える形で、自然とチョコレート職人やメーカーが生クリームを入れたよりリッチで上品な口どけのチョコレートを追求・開発した結果なのかもしれません。

生チョコレートの今

日本の「生チョコレート」人気は、海外の職人にも影響を与えました。「ミッシェル・ショーダン」は、1991年の日本出店時に「パヴェ」（生チョコレート）を販売し、人気商品となりました。2013年には、「ピエール マルコリーニ」が生チョコレートを販売、今後も販売予定があります。また生チョコレートは、ゴディバの人気商品にもなっています。

鎌倉生まれのブランド「メゾンカカオ」は、より水分量を多くした生チョコレートをスタイリッシュなパッケージに包んで販売しています。また「ロイズ」や、オーナーが変わった「シルスマリア」も高級ワインやウィスキー、季節のフルーツなどを使い新しいフレーバーを開発しています。

元シルスマリアの小林正和さんは現在、生まれ故郷の長野県飯山市で生チョコを製造・販売しています。ロイズによると、生チョコレートは外国人観光客に大変人気があり、まとめ買いする人が多いそうです。私が取材で出会ったイギリス人女性は「日本で初めて生チョコを食べて美味しさに驚き、ワインと相性も良くて感激した」と話してくれました。

4　時を超えて愛される日本の名作チョコレート

チョコレートのジャーナリストとして数多くの情報を扱っていると、この国ではいま、短期間で消えていくチョコレートが多いような気がします。新作や期間限定のチョコレートが次々と登場し、話題となっては消えていく——。日本ならではのバレンタイン商戦の存在や、季節ごとの贈答文化が影響しているのかもしれません。

30年以上にわたってチョコレートを見続けてきて改めて振り返ってみると、ことさら貴重だと感じるのは、時代を超えて変わらず愛され続けているチョコレートたちです。

見た目や情報以上に、心に深く刻まれているのは、創業者の志や歴代のお客さまの思いが息づく店の佇まいやその味わいの記憶。音楽や芸術作品と同じように、年月が経っても変わることなく、安心してまた手をのばしたくなるチョコレートがあります。

ここでは、そんな時代を超えて愛され続ける日本のチョコレートやチョコレートのお菓子を、いくつか紹介することにします。

日本の名作

ショコラティエ・エリカ「マ・ボンヌ　ブロック」

東京・白金台にある「ショコラティエ・エリカ」は、1982年に創業しました。オープン当初から世代を超えて愛され続けているチョコレートが「マ・ボンヌ ブロック」です。このレシピを生み出した創業者の神田光三さんは、スイスでチョコレート作りを学び、多くのオリジナルチョコレートを完成させました。

ショコラティエ・エリカ
「マ・ボンヌ ブロック」

ミルクチョコレートとマシュマロ、クルミのバランスが良く、何度でも味わいたくなる美味しさと食感です。「マ・ボンヌ　ブロック」はオリジナルサイズで、小さめの「マ・ボンヌ　ミニ」、バー型の「マ・ボンヌ　バー」もあり、さまざまなサイズで楽しむことができます。

銀座・和光「ショコラ・フレ」

銀座・和光が手がける一粒チョコレート「ショコラ・フレ」は1988年の開業当時から、吟味されたフレッシュな材料を選び、歴代のシェフによってアトリエで手作りされています。現在は6代目となるショコラティエが、ブランドを継承しています。グアナラ、カラメル レ、フランボワーズ、トリュフ シャンパーニュなど、常時30種類以上の「ショコラ・フレ」は、いつ、何度味わっても変わることのない美味しさがあります。
美しいボックスやパッケージからも、歴史と伝統に裏付けされた品格が感じられます。

資生堂パーラー「チョコレートパフェ」

銀座で1902年に創業した資生堂パーラーには、1959年（昭和34年）から変わらぬレシピで愛され続けている「チョコレートパフェ」があります。2022年2月号の「銀座百点」のエッセイ「チョコレートと私」にも書きましたが、メニューに登場した1959年から、基本となるレシピは変わりません。
自家製チョコレートアイスクリームとバニラアイスクリームをベースに、クリームやフレッシュなバナナ、自家製のチュイールが盛られています。懐かしさを感じさせながらも常にモダン。時代を超えて愛され続けるチョコレートパフェです。

トップス「チョコレートケーキ」

1964年の東京五輪の年に、東京・赤坂の旧TBS会館にアメリカンレストランとして創業した「トップス」の看板商品です。創業当初から提供していたデザートが評判を呼び、洋菓子の販売をスタート。その中でも「チョコレートケーキ」は、最も人気の高いケーキです。

チョコレートを使用したふんわりとしたクリームと、しっとりと柔らかなスポンジが層になっています。日本人好みの、ほっとするような美味しさです。

パティシエ・シマ「東京の石畳」

日本の生チョコブームを東京・銀座で盛り上げたチョコレートを、今も味わえます。1988年に発売され松屋銀座でヒットした「シェ・シーマ」の「銀座の石畳」は現在、麹町の「パティシエ・シマ」で「東京の石畳」と名を変えて販売されています。

スイス・ジュネーブの名物チョコレート「パヴェ・ド・ジュネーブ（ジュネーブの石畳）」をイメージして、当時シェフだった島田進さんが開発しました。レシピは現在、2代目の島田徹さんにのみ、受け継がれています。

チョコレートショップ「ノワールシリーズ」

戦時中の1942年に産声をあげた「チョコレートショップ」は、旧帝国ホテルの料理人の見習いをしていた佐野源作さんが福岡で開いたチョコレート店です。チョコレートが売れない時代は、創業者のご家族が別の仕事をして支えたそうです。

佐野さんが考案した一粒チョコレートのレシピは、28種の定番コレクションのうち「抹茶クリーム」（ミルクチョコレートに抹茶ガナッシュ）や「ストロベリー」（ホワイトチョコレートに苺ガナッシュ）などに継承されています。

森永「エンゼルパイ」

森永の「エンゼルパイ」が誕生した1961年（昭和36年）に、このお菓子は特別な存在でした。マシュマロをビスケットでサンドしてチョコレートがコーティングされ、高級で贅沢なイメージがあったのです。ソフトな食感も当時はめずらしいもので、好評でした。

「エンゼルパイ」の名前の由来は、アメリカでマシュマロが「エンゼルフード」と呼ばれていたことにちなんでいます。創業者の森永太一郎さんが大切に開発してきた、チョコレート、ビスケット、マシュマロ、そのすべてを組み合わせて作られたパイには、森永の深い思いが込められています。

ヨーロッパの名品

ラ・メゾン・デュ・ショコラ「アソルティモン メゾン」

1977年、フランス・バイヨンヌ出身のロベール・ランクス氏がパリで創業した「ラ・メゾン・デュ・ショコラ」の「アソルティモン メゾン」はフランスらしいボンボン・ドゥ・ショコラ（一粒チョコレート）のアソートボックスです。

箱に一粒ごとの仕切りがなく、ガナッシュやプラリネなどの定番チョコレートが、箱のサイズに合わせて隙間なくきっちり、詰められています。パリのグルメを魅了し続けてきた味を、現地らしいスタイルで楽しめます。

ルノートル
「フイユ・ドトンヌ」

ルノートル「フイユ・ドトンヌ」

1957年創業のフランスの老舗、ルノートルの代表作ともいえるチョコレートケーキです。フイユ・ドトンヌは、フランス語で、秋の葉という意味があります。

花びらのように広がるチョコレートが美しく、口に運ぶとビターチョコレートの風味豊かなムースがなめらかで、かりかりに焼き上げたメレンゲがサクッ、とした食感を奏でます。職人が手作業で作る繊細なチョコレート細工が華やかな、時を超えて愛され続ける名作です。

ベルナシオン「パレ ドール」

1953年に創業されたフランス・リヨンの老舗チョコレート店「ベルナシオン」は、創業当初からカカオ豆を自社で仕入れ、チョコレートに加工しています。創業者のモーリス・ベルナシオンさんの後を受け継ぎ、現在は3代目のフィリップ・ベルナシオン氏がブランドを率いています。

同店の名作「パレ ドール」は、カカオ55%の自家製ビターチョコレートとイズニー産のクレームエペス、バターを組み合わせたガナッシュが特徴で、伝統的な製造方法を守る職人によって作られる、唯一無二の美味しさです。

コラム：日本の高級チョコレート文化を作った職人たち

日本の高級チョコレート市場は、ヨーロッパの著名なショコラティエたちが紹介されたことを契機に大きく成長してきました。しかし、多くの日本人が職人の名を知っている一方で、彼らのプロフェッショナルな一面まではあまりご存知ないかもしれません。ショコラティエは日本のファンにとって、ブランドの象徴的存在でもあるからです。

私は仕事を通じて、スターショコラティエたちのチョコレートに深く感銘を受けると同時に、彼らの創作に対する情熱や並々ならぬエネルギーを感じてきました。ここでは、私が垣間みたスターショコラティエたちの横顔をご紹介します。

ジャン＝ポール・エヴァン

――2002年　東京・新宿と広島市に「ジャン＝ポール・エヴァン」をオープン

ジャン＝ポール・エヴァンさんは、日本との関係が深いシェフです。18歳から30歳まで

ジャン＝ポール・エヴァンさんをパリで取材

（1976年－88年）ホテルニッコー・ド・パリで、ジョエル・ロブション氏のもとで仕事をし、24歳でシェフ・パティシエに就任。1984年には故ルシアン・ペルティエ氏の右腕として、原宿にオープンした「ペルティエ 表参道本店」を任され、18ヶ月を日本で過ごしています。日本文化に興味を持ち、空手を習っていたこともあるそうです。1986年に、M.O.F.（フランス国家最優秀職人章）を受章しています。

私はパリの「ジャン＝ポール・エヴァン」の全ブティックを取材しましたが、その中で特に印象に残ったのは、パリ7区のモット・ピケ通りにある第一号店での出来事です。取材後に、アトリエの一角でチョコレートの味を真剣な表情でチェックしているエヴァンさんの姿を見かけました。手元には、日付と名前がきちんと記された小さな袋に入ったタブレットがいくつも並んでいます。

「何の作業をされているのですか？」と伺うと、エヴァンさんは「時間の経過とともにチョコレートの品質がどう変化するかを細かく確認しているんですよ」と教えてくれました。

聞けばこのようなチェックは、タブレットのみならず、ボンボンショコラ、マカロン、お菓子全般、そしてチョコレートに使うナッツなどの素材についても、常にエヴァンさん自身が行っているそうです。

「なかなか大変な仕事ですよ」と静かにおっしゃったエヴァンさんの言葉には重みがあり、チョコレートへの深い情熱と、味への責任感、チョコレートを手に取るすべての人々への誠実さが伝わってきました。

ピエール・マルコリーニ

──2001年 東京・銀座に「ピエール マルコリーニ」をオープン

ピエール・マルコリーニさんは、ベルギー・ブリュッセルを拠点に活躍する世界的に有名なショコラティエです。私は対談やトークセッションを通じて、彼がいかにパワフルでチョコレートやカカオへの深い情熱を持つ人物かを知りました。時に話したいことがあふれ出し、止まらなくなるほど情熱的です。

マルコリーニさんは、年間の3ヶ月以上はカカオ産地をはじめとする海外への出張に費やしています。最高のチョコレートを作るためにはカカオ産地に足を運び、その個性を理解す

ピエール・マルコリーニさんとプレス発表会でトークセッション

ることが不可欠であると話していました。

彼がカカオ豆からチョコレート作りを始めたのは２００１年のことで、きっかけはモーリス・ベルナシオンさん（リヨンの老舗チョコレート店「ベルナシオン」の創業者）との出会いでした。ベルナシオン氏の「カカオ豆を自ら加工し、チョコレートを作れるのが一人前のショコラティエだ」という言葉に大きな影響を受けたそうです。小さなガレージからスタートし、現在は年間２５０トンのカカオ豆を扱うまでに成長しました。

「常により美味しいチョコレートを作らなければならない。常にもっと良くしたい。改善の手をゆるめてはならない。それが職人というものでしょう」。そう熱く語るマルコリーニさんは、常に魅力的なカカオを見つけ出し、チョコレートを作り洗練された美味へと昇華させる職人です。ブランドの継承にも力を入れ、現在ブリュッセルでは80人以上の高度な技術を持った職人が働いているそうです。

ニコラ・クロワゾー
——2012年「ラ・メゾン・デュ・ショコラ」のシェフ・パティシエ・ショコラティエに就任

ニコラ・クロワゾーさんはフランスの著名なショコラティエで、2007年にM.O.F.を受章しました。創始者ロベール・ランクス氏に見出され、2012年には「ラ・メゾン・デュ・ショコラ」のシェフに就任、老舗メゾンの伝統を最高の形で継承しています。

2012年から幾度となく、東京とパリでクロワゾーさんを取材してきましたが、2023年には特に印象的な出来事が東京でありました。バレンタインに向けた発表会でのことです。私がバレンタインコレクションの4種のボンボン・ドゥ・ショコラを試食していた際、クロワゾーさんが落ち着いた声で私に「どれが一番美味しいと思いましたか」と尋ねたのです。その時の真剣な表情から、鋭い感性や風味への厳しさ、そしてクリエイションに対する揺るぎない姿勢が伝わってきました。

フランス郊外のアトリエには3度訪問しましたが、2023年秋の取材で、クロワゾーさ

ニコラ・クロワゾーさんとフランスの「ラ・メゾン・デュ・ショコラ」のアトリエ取材で

んはこんな話をしてくれました。「創始者のロベール・ランクスは非常に要求の高い完璧主義者でしたが、私も同じタイプです。そのため私は彼の姿勢をよく理解できました」「チョコレートの試作において、レシピを構成する素材の1グラムの違いが、味に大きな差を生みます。その誤差を埋めるために20回以上作り直すこともめずらしくありませんが、それを「1グラムだから」などと軽く見るような人と、私は一緒に仕事はできません」。

　クロワゾーさんは、1970年代の創始者のレシピを、時代に合わせて年に数回、メゾンの顧客に気づかれない程度に、微調整し続けているそうです。1977年創業のパリを代表する老舗が、時代を超えて愛され続ける理由だと思います。

青木定治

——２００５年　東京・丸の内に「パティスリー・サダハル・アオキ・パリ」をオープン

青木定治さんとトークショー

青木定治さんは、フランスで高く評価されている有名なパティシエ・ショコラティエです。２０１１年にはフランス最優秀パティシエに選ばれ、パリ市庁賞を受賞しました。またフランスのトップ５ショコラティエに選出されたこともあります。

青木さんは１９８９年、20歳のときにカバンを一つ持ってフランスに渡り、自らの道を力強く切り拓いた人物です。現在はパリと日本を行き来しながら、パティシエ、ショコラティエ、そして経営者としても活躍し、パリに５店舗、日本に９店舗を展開しています。トークショーや取材でご一緒する機会があり、ある時、社員約１００名に向けて、自身の経験や価値観を、随時一斉メッセージで伝えている、ということを教えてくれました。その内容の一部を、青木さんの許可を得てシェアします。

「今の僕があるのは、狂ったように学び続けた時間があったからです。他人とは全く関係ありません。最大の敵は自分の中の怠け心と他人に合わせて無難に過ごすことです。人はすぐ60歳になります。厳しいようですが、今すぐ始めてください！」

「23歳の頃、僕は平日は掃除や洗い物をし、日曜日の朝4時からは有名シェフのドゥニ・リュッフェル氏と生菓子の仕上げをしました。ある時リュッフェル氏からフランスの歴史や文化についてクイズを出されて、僕は何一つ答えられず「お菓子にしか興味がないなら、日本へ帰って勉強しなさい」と言われました。それから僕は必死に古本屋へ通い、歴史に名を残したお菓子を生み出したシェフや貴族の名前を暗記するまで勉強し、日曜日に臨みました。昨日のことのように思い出します」。

「パティスリー・サダハル・アオキ・パリ」を支え、次世代を担うスタッフのみなさんは、世界で活躍する青木さんの哲学をも継承しているのです。

ピエール・エルメ

――1998年　「ピエール・エルメ・パリ」をホテルニューオータニ東京にオープン

ピエール・エルメさんは、ヴォーグ誌から〝パティスリー界のピカソ〟と称賛された、21

対談でピエール・エルメさんと

世紀のパティスリー界を代表するフランスの菓子職人です。4代続くアルザスのパティシエの家系に生まれ、14歳でフランス菓子界の巨匠ガストン・ルノートル氏のもとで仕事を学び、のちにフォション、ラデュレで仕事をしました。

ピエール・エルメさんは、フランスの有名なパティシエでありショコラティエですが、意外と知られていないのは、自身の第一号店を開いたのはパリではなく、日本であることです。1998年、世界初の自身の名を冠したブティックは、東京・千代田区のホテルニューオータニ東京の中にできました。私は2003年から2007年の間に、放送局の仕事で何度かエルメさんにお会いしていますが、当時からエルメさんは、あらゆるメディアが注目するスター的な存在でした。

日本で大きな評判を呼んだエルメさんは、その成功を足がかりに2001年、パリ6区のボナパルト通りにフランス第一号店をオープンしました。現在ブランドは世界中に広がり、パリ、ロンドン、香港、台湾、カタール、モロッコなど、多くの国でブティックを展開しています。

その創造性と技術は、伝統的なフランス菓子の概念を超え、多くの人に感動を与え続けています。エルメさんと日本のつながりは、彼のキャリアの重要な一部を担っているのです。

アラン・デュカス

——2018年　東京・日本橋に「ル・ショコラ・アラン・デュカス東京工房」をオープン

アラン・デュカスさんは、世界的に有名なフランス料理界の巨匠で、2013年にパリ11区に自身のチョコレートブランドを立ち上げました。私は2018年と2023年に、メディア向けにデュカスさんと対談を行いました。

初めての対談で、アラン・デュカスさんにチョコレートブランドを立ち上げた理由を伺いました。デュカスさんによると、「1970年代に料理修行をしていた合間にガストン・ルノートルさんと出会い、ショコラティエのミッシェル・ショーダンさんの仕事に触れたこと、リヨンのベルナシオンで仕事をした経験から魂が震えるような感銘を受けて、いつか必

対談でアラン・デュカスさんと

ずカカオ豆から最高のチョコレートを作るという気持ちを持ち続けていた」そうです。

2023年の2度目の対談では、私の考えを伝えてみました。「アメリカ発祥のビーントゥバーは、カカオ豆を加工した結果としてのチョコレート。逆にデュカスさんのチョコレートは理想的な味のチョコレートを作るためにカカオ豆という素材に立ち戻った結果。ビーントゥバーではなく、バートゥビーンといえるのではないでしょうか」。

「わかってくれてうれしい」とデュカスさんは静かに答え、「私のチョコレートはビーントゥバーとは全く異なります」と強調しました。「自宅でパン作りの機械を買えばパンは作れるが、それは最高の職人が作ったパンとは違う。チョコレートも同じことです」。「私がコンソメキューブや冷凍ソースを使った料理をレストランで提供することはないでしょう。製菓用チョコレートを買ってきて店で売ることをしないのは当然のことです」。デュカスさんのチョコレートと他のチョコレートの違いがおわかりになるでしょうか。

辻口博啓
――2003年　「ル ショコラ ドゥ アッシュ」をオープン

パティシエ・ショコラティエの辻口博啓さんの活動を追ったドキュメンタリー映画「LE CHOCOLAT DE H（ル ショコラ ドゥ アッシュ）」は、2019年に公開されました。この映画では新作チョコレートの制作過程や辻口シェフの生い立ち、素材の生産者との関わりや日本の食文化が美しい映像によって伝えられています。

私もジャーナリストとしてこの映画に出演し、第67回サン・セバスティアン国際映画祭（2019年9月）での上映に合わせて、辻口さん、監督の渡邉崇さん、音楽監督の加藤久貴さんとともにスペインの現地を訪れました。

映画祭の会場で驚いたのは、観客の方々の反応です。上映館は満席で、上映後は盛大な拍手が沸き起こりました。アメリカの映画祭関係者からは「ぜひ私の映画祭に招きたい」と音

辻口博啓さんとサン・セバスティアン国際映画祭にて

楽監督の加藤さんと私が熱く声をかけられ「日本とチョコレートが結びついたことがなかった」「日本にはチョコレート店が多いのか、日本人はよくチョコレートを食べるのか」などと次々質問を受けました。海外からの日本への視点を、私自身が新たに認識する機会にもなりました。

この映画は、他にもプラハ国際映画祭、アメリカ北西部最大の映画祭であるシアトル国際映画祭など、世界5カ国、10カ所以上の映画祭で正式上映され、チョコレートを通じて日本の文化を伝えました。

第3章
日本独自のチョコレートシーン

1　ユニークな日本のチョコシーン

日本人にとって当たり前でも、海外から見ると独特な日本のチョコレート文化。私はこれまでに、海外や国内の取材を通じて、数多くのショコラティエやチョコレート関係者のみなさんと交流してきました。そんな中で「日本は外から見るとこう映っているのか」と、新たな発見をすることが多々ありました。ここでは、それらの気づきをいくつか振り返り、まとめてみたいと思います。

1）2月にチョコが売れる

日本で最もチョコレートが売れるのは2月です。これはもちろんバレンタインデーの影響ですが、同じことが海外でも起こっているわけではありません。2月にこれほどまでにチョコレートが大量に売れるのは、日本特有の現象です。総務省統計局の家計調査によると、2月のチョコレートの支出額は、他の月の2倍から4倍にものぼります。

ある高級チョコレートブランドの関係者の方が「日本の年間売上の約7割がバレンタイン

シーズンに集中している」と話してくれたことがあります。多くの日本の商社も、1月から2月、場合によってはホワイトデーのある3月までにターゲットを絞って、海外からチョコレートを輸入・販売しています。

チョコレート店のみならず、バレンタイン商戦が本格化する2月には、レストランやホテルもチョコレートを使った特別な商品を企画・販売します。とにかく、なにかとチョコレートが結び付いているのです。チョコレートを使った料理メニューを提供するレストランや、チョコレートカクテルが楽しめるホテルのラウンジ、限定のチョコレートパフェを出す店、さらにはチョコレートを使った小籠包やラーメンを提供する中国料理店まで登場したりと、さまざまな店がチョコレートを取り入れ、2月を華やかに彩っています。

欧米のチョコレートシーズン「イースター」

日本ではチョコレートといえば「バレンタインデー」ですが、欧米ではクリスマスと並び「イースター」（キリストの復活を祝う「復活祭」）が有名なチョコレートシーズンです。イースターは移動祝祭日で、毎年3月21日から4月25日の間にあたります。

イースターは春の訪れを祝う行事でもあり、チョコレートを楽しむ文化が多くの国や地域で根付いています。ヨーロッパでは、卵をはじめ、ニワトリ、ウサギの形をしたカラフルで可愛らしいチョコレートが店頭に並び、街は明るい雰囲気に包まれています。私はイースターの時期に、チョコレート店を訪れるのが大好きです。特にヨーロッパは楽しく、職人やチョコレートメーカーが工夫をこらした遊び心たっぷりのチョコレートが並び、見ているだけでワクワク。誰もがチョコレートを通じて笑顔になれるからです。

2）日本の消費者は世界一厳しい？

「日本の消費者は、世界一厳しい」

これはさまざまな業界で耳にする言葉かもしれませんが、チョコレート関係者からも同じような声が聞こえてきます。

ゴディバのベルギー工場を取材した際にも「日本のお客さまは特にクオリティの高いものをお求めになるので、チョコレートからパッケージまで、すべてにおいてご期待に応えることを常に意識しています」とマーケティング担当者が話してくれました。

日本の消費者は、チョコレートの表面に小さな傷があったり、形が不揃いだったり、箱にへこみがあったり、模様がずれている、といったことに敏感です。ボンボンショコラ（一粒チョコレート）の製造過程で、表面にごく小さな空気の穴があくことがありますが、それを「ヨーロッパでは販売しても、日本では販売しない」というブランドもあります。

これは、厳しく品質管理がされた日本製品に普段から慣れている日本人が、味だけでなくパッケージやデザイン、ラッピングなど見た目の美しさにも高い意識を持っていることの表れです。日本人はあまりその場で直接、感じたことをはっきり相手に伝えないことが多いのですが、実はパンフレットや広告、スタッフの待遇など、あらゆる点をしっかりチェックしているのです。いかがですか？　この本を読んでいるみなさんも、思い当たることがあるのではないでしょうか。

3）限定商品や新商品が次々と発売される

「期間限定チョコレート」「〇〇店限定チョコレート」といった限定商品が多いことに驚く海外のチョコレート関係者もいます。特に日本でビジネスを始めたばかりのヨーロッパの職人は、自国との違いに驚くようです。

ヨーロッパでは伝統行事やイースター、クリスマスなどに関連した商品はあるものの、日本ほど期間や場所を限定して商品をアピールすることが多くないようです。

このため、多くの海外ブランドは日本向けに、自国とは異なる商品展開を行っています。日本市場だけのために新商品や限定商品を作り、パッケージも日本仕様にしてチョコレートを販売しているというわけです。

ですから、もしみなさんが海外へ出かけて、日本でお馴染みのチョコレートブランドの本店などを訪ねると、日本の店舗との違いに驚くことがあるかもしれません。それは日本のマーケットに向けて、少なからずブランディングされているからです。日本の店はラグジュアリーでも、本店はカジュアルだったり、逆に本店は落ち着いた雰囲気でも日本は可愛らしい雰囲気、といったこともあります。

もちろん、本国と同じ世界観で展開するチョコレートブランドが多いのですが、海外と日本の展開の違いを見ていると、売れ筋商品の傾向に日本人特有の好みやセンス、独自の特徴があることに気づかされます。

日本に新商品や限定品が多い理由

それではなぜ日本には、こんなに期間限定品や、新商品が多いのでしょうか。

理由はまず、日本に四季の移ろいを大切にする文化があるからでしょう。季節ごとの贈答シーズンに合わせて、毎年さまざまな限定商品が企画・販売されます。これはチョコレートに限らず、多くの商品にも共通する傾向です。

そしてもうひとつの理由は、やはり商戦の存在です。たとえばバレンタイン催事を開く全国の百貨店や商業施設は、「ここだけにしかない限定品」を用意して、集客を図ります。同じチョコレートブランドが複数のバレンタインイベントに出店することはめずらしくないため、イベント主催側はブランドに対して、どこでも手に入る商品でなく、他店で買えない限定商品の販売を望むことが多いのです。

新作はメディアが注目する傾向にあるため、プロモーションにも活用されます。これらの対応のために、チョコレートメーカーの中には、バレンタインデーが終わるとすぐに1年後のバレンタイン戦略を立て始め、商品企画に取り掛かることも少なくありません。

チョコレートの大きな商機が、毎年2月に巡ってくる日本とは違って、ヨーロッパではチョコレートがより日常に溶け込んでいる印象があります。もちろん地域や個人差はあるものの、日本ほど新しいものを追い求める傾向はなく、地域の馴染みの店やお気に入りの店のチョコレートがあって、それが最高に美味しい、長年家族で楽しんでいる、というような話がよく聞こえてきます。自分が気に入ったものを長く大切に楽しむ。これも素晴らしいスタイルだと思います。

4）日本人はショコラティエをスターのように扱う

「日本のチョコレートファンは熱狂的で、目的のチョコレートのために何時間でも並び、信じられない量を購入します」「音楽や映画のスターでなく、ショコラティエがスターとして扱われています」。

フランスのテレビ局TF1が、2024年3月に「征服─フランスのショコラティエが日本に挑む」と題した特集の中で、そう報じました。「サロン・デュ・ショコラ東京」の会場にカメラが入り、チョコレートを買うために店のオープン前から行列を作る多くの客や、売り場でショコラティエにサインを求め、喜んで写真撮影をする多くの日本人女性たちの様子が、映し出されていました。

番組内では「正直言って数日間だけスターのような気分になるのは悪くないね」と話すフランス人のショコラティエが、自国の同じシーズンの2倍のチョコレートが東京の数日間だけで売れたことを喜ぶ姿がありました。テロップには「ショコラティエがスターになれる東京」とあり、これはフランスのメディアには、めずらしい光景と映るようです。

日本人はなぜショコラティエをスター扱いするのか

それでは一体なぜ、日本人はこのようにミュージシャンや映画俳優のように「チョコレート職人をスターのように扱う」ようになったのでしょうか。

ルーツは、2003年に三越伊勢丹（当時は伊勢丹）が開始したフランス発のチョコレート祭典「サロン・デュ・ショコラ東京」にあります。この催事に関連して2009年12月から14年間にわたって発行された公式ガイドブック「サロン・デュ・ショコラオフィシャルムック」は、誌面に必ずショコラティエのポートレートを大きく掲載しました。私もこの本の読者でしたが、このページが、ショコラティエをまるでスターのように見せていたのです。

本の内容は、ショコラティエの最新情報や新作、限定チョコレートだけでなく、作り手の哲学や進化にも焦点を当てていました。チョコレート愛好家たちは毎年このガイドブックを読み、ショコラティエの顔と名前を覚え、本を参考に事前に目当てのチョコレートを決めるわけです。そして本を持参してイベント会場に足を運び、ショコラティエ本人に会うと、ポートレート写真のページを開いてサインをもらい、一緒に写真を撮って、箱にもサインをもらってチョコレートを購入する——。このようなスタイルが次第に定着していって、他の多くの日本のバレンタイン催事にも広がっていきました。

実は「ショコラティエをスターのように扱う」日本人独特の待遇は、もう何年も前から、フランスやベルギーでよく知られています。2018年に私がベルギーのアントワープで、翌年来日して商品を販売する、というショコラティエを取材したときのこと。私が「来日前にサインの練習をしておいてくださいね」と伝えると、彼はすぐに「そうですね、日本での状況はよく知っていますよ」と微笑みました。

誰でもスターになれるわけではない

しかし、ショコラティエなら誰でも東京の百貨店で、スターになれるわけではありません。前述したフランスの番組では同時に厳しさにも触れていました。日本のバレンタインは世界中から魅力的なチョコレートが集結する一大商戦ですし、日本人ショコラティエも人気があります。新しい商品が続々と登場し、消費者の好みも変わりやすいこの市場で、長年コンスタントにチョコレートを売り続けることは容易ではありません。華やかな表舞台の裏には、厳しさも潜んでいるのです。

5）チョコを食べても鼻血は出ない

「日本人っておもしろいこと考えているんですね！」と吹き出したのは、チョコレート関係の仕事をしているフランス人女性です。私が「日本ではチョコレートを食べすぎると鼻血が出る、と言われることがあるんです」と話したときの反応です。チョコレートを食べすぎると「ニキビができる」「太る」といった話は海外でもよく耳にしますが、「鼻血が出る」というのは日本独自の迷信のようです。

「チョコと鼻血」の結びつきに科学的根拠はありません。それなのになぜ日本で広まったのかというと、昭和の時代、チョコレートがまだ高級品だった頃に、親が子どもに食べ過ぎを諌《いさ》めるための理由づけをしたという説があります。また栄養バランスを考える上でも、親はチョコレートだけでなく野菜や魚、肉も食べさせたかったのでしょう。

そうであったとしても、なにも鼻血と結びつくことはないのではないかと、私は長年疑問を抱いていましたが、あるときこれだ、と思い当たることがありました。それは昭和の時代、1970年から1971年にかけて一世を風靡した漫画雑誌「週刊少年マガジン」（講談社）で連載されたギャグ漫画「谷岡ヤスジのメッタメタガキ道講座」です。

リアルタイムで読んでいませんが、今ページを開いてもすごいインパクトです。子どもたちの日常を描いたギャグ漫画で、男の子が女の子を見て興奮すると「ブー」という音とともに鼻血を出す名物シーンがあります。私はなぜ鼻血を「ブー」という人が多いのか、長年疑問に思っていましたが、この漫画の影響だったのかと理解できました。

私はチョコレートが栄養価が高く、あまりにも美味しいため興奮してしまうことから、「チョコレート→興奮→鼻血ブー」という結びつきが生まれたのではないかと推測していますす。「谷岡ヤスジのメッタメタガキ道講座」がこの迷信に影響を与えたのではないか、という私の説に、当時を知る多くの方が笑って頷いてくれます。

2　世界ブランドの日本だけの盛り上がり

世界的に有名なチョコレートブランドの商品が、日本で独特の人気を集めている例がありま す。企業が特別なプロモーションを行ったのではなく、日本人のニーズやライフスタイルにマッチし、自然と日本市場で受け入れられていった結果です。ネスレの「キットカット」と、ゴディバのオリジナルチョコレートドリンク「ショコリキサー」の例を紹介します。

1）ネスレ「キットカット」と日本

「キットカット」は、1935年にイギリスで誕生し、世界中で愛されているチョコレート菓子です。日本には1973年に上陸しました。歴史を知る人は少ないかもしれませんが、もともとはイギリスのロントリー社が、工場で仕事をする労働者たちに向けて手軽にエネルギーを補給できるように開発したものです。現在日本でキットカットを販売しているのは、「ネスレ」の現地法人「ネスレ日本」です。

日本のキットカットは圧倒的に種類が多い

キットカットは現在、日本国内で売上ナンバーワンのチョコレートブランドです（出典：インテージSRI＋Ⓡ／チョコレートカテゴリー／2023年1－12月／ブランド販売金額シェア1位）。これだけでも驚きですが、キットカットが販売されている世界80カ国以上の中で、日本の売上は世界で3位を誇ります。

さらに日本のキットカットには、他国には見られない特別な盛り上がりがあります。まず注目すべきは、圧倒的な種類の多さです。ネスレに正確なデータはないそうですが、おそらくキットカットの種類は日本が世界一多く、これまでに約500種類が登場しています。2024年7月現在約40種類が販売されており、本場イギリスでも約10種類ですから、圧倒的な数です。

日本独自フレーバーがある

現在、キットカットの日本の売上トップスリーは、一位が赤いパッケージの「キットカット」、続いて「オトナの甘さ」（カカオの風味をより押し出したタイプ）と「オトナの甘さ濃い抹茶」です。

抹茶、日本酒、わさびなどの日本にしかないオリジナルフレーバーのキットカットは、訪日外国人観光客のお土産として定着しています。２００２年には特産品をテーマにした「夕張メロン」味が登場し、北海道土産として人気を集めました。新幹線の駅や空港内の売店では、地域限定のあらゆるキットカットが見つかります。国内旅行を楽しむ日本人のお土産の定番にもなっています。

日本オリジナル「キットカット オトナの甘さ 濃い抹茶」

日本でキットカットは受験の縁起物

そして日本のキットカットの最もユニークな点は、「キットカット」が、試験合格祈願の「縁起物」として知られていることです。受験を控えた子どものおやつに渡したことがある、受験勉強中に食べた経験がある、という方が多いのではないでしょうか。

実はこの風習は、九州が発祥です。福岡の博多弁で「キットカット」が「きっと勝つと（きっと勝ちますよ）」と音が似ていることから、福岡で自然発生的に、受験シーズンにキットカットが売れるようになりました。始まりは１９９０年代後半で、福岡市内のスーパーで受験生の親や友人たちが、キットカットを「お守り」や「縁起物」として購入し始め、それが次第に日本全国へと広まりました。

日本の多くのチョコレートの売上は2月がピークとなりますが、キットカットが一年で一番売れるのは1月です。これは大学入学共通テスト（旧・センター試験）が行われるのが毎年1月で、「試験合格のためのラッキーアイテム」としての需要があるためです。近年は入試以外にも、スポーツの試合や資格試験にチャレンジする人にもキットカットが贈られるようになり、用途の幅が広がっているようです。

2）ゴディバ「ショコリキサー」と日本

日本は世界一ゴディバを楽しめる国

ベルギーで生まれた高級チョコレートブランド、ゴディバの商品は現在、世界80カ国以上で販売されています。本店はベルギーの首都・ブリュッセルにあり、その場所はヴィクトル・ユーゴーに「世界で最も美しい広場」と称賛されたグランプラス広場です。

世界的に有名なチョコレートブランド、ゴディバですが、実は最も多くの店舗があるのは日本です。日本国内には直営店が350店舗以上もあり、加えて、スーパーやコンビニエンスストア、空港などでも販売されているので、今や日本は、世界で最もゴディバを楽しめる

ゴディバ「ショコリキサー コロンビア ダークチョコレート カカオ99%」

国と言えるでしょう。

日本はゴディバの「ショコリキサー」売上世界一

カフェやパンの店など、ゴディバには数多くの日本独自展開がありますが、特に注目すべきヒット商品は、オリジナルチョコレートドリンクの「ショコリキサー」です。片手でテイクアウトできるタイプで、フローズンタイプもホットドリンクもあります。「ショコリキサー」はもともと大きなドリンク市場を持つアメリカで開発されましたが、２００５年に日本で発売されて、大ヒット商品となりました。

現在、ショコリキサーは世界12カ国で販売されていますが、日本が最大の市場です。売上は伸び続け、２０２３年の売上合計は約30億円に及びました。どれほど売れているのか、計算するとなんと１日あたり日本で平均一万杯以上のショコリキサーが販売されていることになります。

ショコリキサー人気の理由

時代の移り変わりによって淘汰される商品が多い中で、「ショコリキサー」がなぜ成功し続けているのでしょうか。

理由を検証すると、やはり日本人のライフスタイルや好みに、このドリンクがピタリとマッチしたからです。日本にはゴディバのシェフが常駐し、常に新しいフレーバーを生み出しています。日本人の好みを味に落とし込み、定番メニューだけでも近年は3年ごとにリニューアルしています。2024年の定番のリニューアルは、ダークチョコレート、ミルクチョコレート、ホワイトチョコレートを使ったベーシックなものに加え、ハイカカオチョコレート人気を反映させた「ショコリキサー コロンビア ダークチョコレート カカオ99％」を打ち出しました。期間限定商品も次々と登場するため、新しいもの好きな日本人を飽きさせることがありません。

そして、子どもから大人まで、あらゆる層にヒットする要素があります。イチゴやメロンなどのフルーツフレーバー、かわいい映画のキャラクターとのコラボレーションドリンクは子どもたちに、季節のフルーツフレーバーは女性に人気です。また、ビジネスパーソンに向けては、ビジネス街にある新丸ビルや新宿駅の地下街などに、男性が入りやすい雰囲気のショップを構えています。

全国のアウトレットモール内にあるゴディバでも、ショコリキサーが大人気です。ショッピング途中に歩き疲れてひと休み、ちょっと特別感のあるドリンクで喉を潤したい、といった家族連れなどのニーズに応えています。

1972年に日本第一号店をオープンして以来、ゴディバには高級チョコレートというイメージがしっかり定着した一方で「ハードルが高い」と感じる若い世代の声も上がっていました。「ショコリキサー」はその印象を払拭する役割も果たしました。

1000円以下で買える気軽なカップ入りチョコレートドリンクは、若い世代に親しまれ、より多くの人がゴディバを訪れるきっかけにもなっています。

3　日本のチョコミント人気

欧米でミントとチョコレートの組み合わせ、といえば大人向けで通年味わうもの、というイメージがあります。しかし、日本では「チョコミント」が若い世代を中心に、特に夏の定番フレーバーとして支持されています。ＳＮＳ上では「チョコミン党」と呼ばれるチョコミントファンたちが、新作の情報や食べた感想を積極的にシェアしています。

日本で夏に人気のチョコミント

日本の夏に並ぶ「チョコミント」は多彩です。スーパーやコンビニエンスストアには、不二家「LOOK」やグリコ「ポッキー」などのお馴染みの人気商品のチョコミントバージョンに加え、アイスクリームやフローズンドリンク、パン、ケーキ、サンドイッチに至るまで、幅広いバリエーションがあります。

チョコミントが夏に愛される理由は、日本の暑い夏に清涼感を運んでくれるからです。スーッとした清涼感と涼しげな色、そしてペパーミントの主成分である（ミントフレーバーに

サーティワンアイスクリーム「チョコレートミント」は1974年4月、東京・目黒の日本一号店に登場

も含まれる）メントールがひんやりとした感覚を与え、寒色であるブルーやグリーンが視覚から涼しさをもたらしてくれます。

日本のチョコミントのルーツはサーティワン

日本で初めて「チョコミント」というものが認識されたきっかけは、サーティワンアイスクリーム（アメリカ・カリフォルニア州発祥のアイスクリームチェーン「バスキン・ロビンス」）による「チョコレートミント」です。

ブルーグリーンのミントアイスにチョコチップを混ぜる、というのが１９７４年の発売当時は珍しく、多くの日本人が、その青い色とすーっとした味に驚きました。

私自身の経験では、初めて味わってすぐに気に入りました。スーッとするミントに味に深みがあるチョコレートが組み合わさるとは「意外と相性が良いかも」などと感じたのを覚えています。実はそれ以来、サーティワンに行くときは、個人的に必ずオーダーする定番フレーバーのひとつになっています。

続いて、1990年には江崎グリコが「セブンティーンアイス」という、アイスクリームシリーズからミントフレーバーを発売しました。手軽に買えるアイスクリームでしたので「初めて食べたチョコミント」として記憶に残っている人もいるかもしれません。チョコミントは現在も変わることなく、シリーズの人気フレーバーです。

世界のミントチョコレートは大人が嗜んでいる

一方海外に目を向けると、趣ががらりと変わります。

ペパーミントグリーンのパッケージが多くて楽しげな日本のチョコミントに対し、欧米のミントチョコレートは、ダークグリーンや黒を使ったシックなパッケージがほとんどです。落ち着いた色合いは、どこかダンディな大人の男性のイメージすら漂い、クラシカルで格調高く、男性が持っても全く違和感がありません。

世界の有名ミントチョコレート

世界的に有名なミントチョコレートを例に挙げておきましょう。

ネスレ「アフターエイト」

まずは1962年にイギリスで生まれた「アフターエイト」です。世界各国に60歳以上のロイヤルカスタマーが多数存在するチョコレートで、甘いミントクリームをダークチョコレートで包んでいます。英国では夕食後や就寝前にゆっくりお菓子を楽しむ風習があることにちなんで「アフターエイト」(8時以降)。販売量の大半はイギリス、ドイツ、フランス、各国の主要な空港が占め、日本には45年ほど前から輸入販売されています。

　イギリスといえば、1931年に生まれたベンディックス社の「ビターミント」もよく知られています。濃厚なミントフォンダンと、カカオ分95%のダークチョコレートを組み合わせた、刺激の強さが特徴です。

　アメリカでは「アンデス　クリームミント　シン」が有名です。1950年にミントチョコのリーディングカンパニーといわれるトゥーシーロール社が発売し、アフターディナーミントとして世界中で高い支持を得ています。ミントチョコをミルクチョコでサンドした一口サイズで、日本でも1980年頃から輸入販売されています。

こうした世界的に有名なミントチョコレートは、夏に限らず、年間を通じて楽しまれています。

気分をリフレッシュするためのチョコレート

日本でチョコミント人気が高まったのは２０１６年頃とされ、森永が発表した資料によると、日本のミントフレーバーチョコレート市場は２０１９年４～６月期に８億円を超え、特に20代～30代の女性を中心に市場が拡大しました（インテージＳＲＩ＋Ⓡ／チョコレートカテゴリー（ミントフレーバー）／２０１８年４‐６月 推計販売金額）。

ビジネスパーソンにも支持されています。２０１９年に都内で働く会社員のみなさんを取材したときの回答によると、どんなときに食べるのかという質問には「気分を切り替えたいときに」（30代女性）や「仕事中、眠くなったときや小腹が空いたときに」（50代男性）などの声があり、主にメントールのリフレッシュ効果によって頭をスッキリさせ、仕事の効率を上げたいときのおやつに、選ばれていました。

チョコミントのファッション化

もうひとつ興味深い「チョコミント」の動きは、食品の枠を飛び超えていることです。チョコミントカラーの組み合わせは、文房具やネイル、ファッションに取り入れられ、メディアで「チョコミントカラーのファッションコーディネート」が特集されることもあります。実際私も、チョコレート色をベースにミントカラーのラインが入ったスニーカーを、メディア出演時などに愛用しています。

今はより強い刺激を求める人も

もともとミントは、日本で歯磨き粉の香味の定番だったことから、今も「チョコミントは歯磨き粉のような味で苦手」と敬遠する人も少なからず存在しています。しかし逆に、今ではその刺激が癖になり、より強いチョコミント味を求める声すらあがり、ミントの刺激を強めにしたチョコミントパフェを提供する店が登場するほどです。

ストレスの多い現代社会において、チョコミントは、すーっとした刺激と甘さ、SNSでの交流を通じて、手軽に気分をあげる手段になっているのかもしれません。

ちなみに日本以外では、韓国でも日本と似たようにチョコミントが人気です。ただし、韓国では「チョコミント」ではなく「ミントチョコ」や「ミンチョ」と呼ばれています。日本と同様に多くのファンがいます。

4 百貨店とチョコレートの深い関係

日本で百貨店とチョコレートは、切っても切れない関係にあります。その理由は、毎年2月にバレンタインを盛り上げる重要な存在が、全国の百貨店だからです。

日本の百貨店は、昔から2月と8月に販売合計額が低迷する傾向があります。そのこともあって、百貨店は2月にあたるバレンタインデーの催事に特に力を入れてきたのではないでしょうか。

日本の百貨店が初めて小さなバレンタインフェアを開催したのは1958年で、期間は3日間。その売上はわずか170円でした。ところが、現在は、1日に平均1億円以上を売り上げる催事が現れるまでに成長しています。百貨店は日本のチョコレート市場を拡大し、世界中から魅力的なチョコレートを取り揃えて高級チョコレートブームを牽引してきました。

ここでは日本で特に有名な、4つのバレンタイン催事を紹介します。

出店ブランド数は日本一！　チョコレートの文化を伝える

阪急うめだ本店「バレンタインチョコレート博覧会」（大阪）

「バレンタインチョコレート博覧会」は、大阪市の阪急うめだ本店で毎年1月中旬から2月14日まで開催される日本最大級のバレンタインチョコレートイベントです。

国内外を代表する高級チョコレートブランドから話題の新ブランドまで、2024年には約300ブランドのチョコレートが集まり、取り扱いブランドとチョコレートの種類は日本一を誇ります。メイン会場は9階の全フロアですが、会期中は百貨店の全14フロアで、売り場に調和するようなイメージを守りながらチョコレートが販売されています。

毎年、工夫をこらした売り場企画がファンを魅了します。2024年には「キャラメル×チョコレートの組み合わせ」や「チョコのお菓子」が集合する売り場が人気を集めました。また、チョコレートの原材料であるカカオの魅力を伝える「カカオワールド」も名物企画です。カカオから一貫製造されるビーントゥバーチョコレートが国内外から集まり、美味しさとともにカカオ産地や生産者の思いが紹介されています。

「祝祭広場」と呼ばれるオープンスペースでは、誰でも無料で参加できるセミナーが連日開催され、ショコラティエやカカオ関連の出店者が最新の知識やデモンストレーションを披露します。来場者はチョコレートを楽しむだけでなく、文化を体験することもできます。会場は心地よく買い回れる空間が確保され、装飾が楽しくエンターテインメント性があります。

「楽しさ世界Ｎｏ．１」を目指すチョコレートイベントです。

名前：「バレンタインチョコレート博覧会」
場所：阪急うめだ本店

オープン前から大盛況！　誰もが楽しめるチョコレートが並ぶ
ＪＲ名古屋タカシマヤ「アムール・デュ・ショコラ～ショコラ大好き～」（名古屋）

「アムール・デュ・ショコラ～ショコラ大好き～」は、名古屋のジェイアール名古屋タカシマヤで毎年1月中旬から2月14日まで開催される、日本最大級のバレンタインイベントです。

２０２４年には約１５０ブランドのチョコレートが集まり、ジェイアール名古屋タカシマヤの発表によれば、２０２４年度の売上は41億円を超え、過去最高となりました（先行販売会、サテライト会場、ＥＣ売上を含む）。会場は10階のメイン会場と、２０２４年は同店内の7フロアにあり、「ジェイアール名古屋タカシマヤ　フードメゾン　岡崎店」もサテライト会場となっています。

とにかくお祭りのような賑わいが特徴で、連日早朝からチョコレートを買う人が長い行列を作っています。東京を拠点にする人気ショコラティエや、全国の有名ショコラティエたちは来場するとスターのような歓迎を受け、商品にサインを書き続けたり、遠くからも姿がよく見える「お立ち台」に立って接客したりしています。

イベントの限定チョコレートは、名古屋や東海三県の素材を使ったものが多く、名古屋独自の文化に合わせたお裾分けしやすい手頃なサイズのチョコレート菓子や、花柄やイチゴなどの可愛いパッケージデザインのチョコレートが豊富に揃っています。チョコレート初心者でも難しく考えることなく、美味しく楽しめる商品が、中部地方の多くのファンをつかんでいます。東海地方の来場客が好むチョコレートを取り揃え、来場したシェフを盛り上げる会場作りが活況を生み出しています。

名前：「アムール・デュ・ショコラ〜ショコラ大好き〜」
場所：ジェイアール名古屋タカシマヤ、フードメゾン 岡崎店 サテライト会場

〜パリ発ショコラの祭典〜

伊勢丹新宿店「サロン・デュ・ショコラ 東京」

三越伊勢丹が主催する「サロン・デュ・ショコラ」は、2003年に伊勢丹新宿本店で始まりました。「サロン・デュ・ショコラ」はもともと1995年にフランス・パリで始まっ

たチョコレートの見本市で、現在ではパリ、東京をはじめ、世界10都市以上で開催されています。

「サロン・デュ・ショコラ」はパリ発祥のイベントなので、フランスのショコラティエやパティシエによるチョコレートが多数販売されるのが特徴です。2024年度の取り扱いブランドは100以上で、特に三越伊勢丹が海外から直輸入するチョコレートは、多くの愛好家やファンから支持を受けています。「海外の有名シェフと日本で出会える」のが大きな特徴で、期間中はショコラティエが来場し、毎年ファンが新作を買い、チョコレートボックスや本にサインをもらったり記念撮影、会話を楽しむ光景が見られます。

職人が作るチョコレートへの感度が高い来場客が多いことが、チョコレートブランドの間でもよく知られており、「感度の高いお客さまの反応を見たい」として、他国に先駆けて「サロン・デュ・ショコラ東京」で新作を発表する有名なフランス人ショコラティエもいます。

2024年のサロン・デュ・ショコラは期間を3つに分け、出展ブランドを分けた3部制で、カカオの魅力に焦点を当てた第1部、三越伊勢丹直輸入ブランドを中心に販売する第2部、国内外の人気チョコレートブランドが揃う第3部を設けて、チョコレートを販売しました。

伊勢丹新宿店だけでなく、札幌、仙台、京都、広島、福岡でもグループ各店で、バレンタインシーズンに「サロン・デュ・ショコラ」と題して、チョコレートのイベントが開催されています。

名前：「サロン・デュ・ショコラ 東京」
場所：伊勢丹新宿店

全国各地の髙島屋で開催するショコラの祭典

髙島屋「アムール・デュ・ショコラ」

髙島屋のバレンタイン催事「アムール・デュ・ショコラ」は、「年に一度のショコラの祭典」として全国の髙島屋で開催されます。2024年には東京の日本橋店、新宿店、玉川店をはじめ、大阪、京都、横浜などを含む全国14店舗の髙島屋で行われました（ジェイアール名古屋タカシマヤで行われるイベントとは取り扱い商品が異なります）。

毎年、髙島屋の「アムール・デュ・ショコラ」でしか手に入らない、有名な海外のショコラティエのブランドが愛好家の人気を集めるほか、2024年には100ブランドを超えるチョコレートやチョコレート菓子が販売されました。バイヤーが買い付けた海外のチョコレートの中には、南米やアフリカのブランドのものなどがあり、毎年世界各国のめずらしいチョコレートが取り揃えられます。

　髙島屋のバレンタイン催事は、普段から髙島屋で買い物を楽しむ人々のセンスに合わせた、上質で安心感のある売り場作りが特徴です。全国共通のカタログに掲載されたチョコレートが各店舗で販売される一方で、それぞれの店舗には専任の担当者がいて、その地域性を反映したチョコレートが並びます。店舗ごとに、地域の特性に合わせた売り場作りに工夫がこらされています。

　日本全国の髙島屋で開催されているため、多くの人が会場へ足を運びやすいのが他にはない大きな魅力です。地域ごとの個性と髙島屋の上品な雰囲気が融合した、多くの人に愛されるバレンタインの一大イベントです。

名前：「アムール・デュ・ショコラ」
場所：髙島屋　日本橋店、新宿店、玉川店、横浜店、大宮店、柏店、高崎店、大阪店、堺店、泉北店、京都店、岐阜店、岡山店、ＪＵ米子髙島屋　（２０２４年現在）

5　日本企業のトップセラーチョコレート

全日本菓子協会によれば、2023年のチョコレート市場規模は小売の推定金額が約6040億円に達しました。この金額は、スーパーマーケット、コンビニエンスストア、ドラッグストア、土産物店などで販売されたチョコレートの累計額です。コロナ禍で一時的に減少した売上が回復し、2023年には初めて6000億円を超える見込みということです。

日本には多くのチョコレートメーカーがありますが、売上の大部分は「明治」「ロッテ」「江崎グリコ」「森永製菓」の大手4社が占めています。もちろん、個人店や専門店で販売される高級チョコレートも人気があり、多くの人に親しまれていますが、最も広く日本人に親しまれているのは、大手企業の商品です。

日本でチョコレートが生産されてから約150年、大手メーカーは手頃な価格で購入できる美味しいチョコレートを開発し続け、私たち日本人を楽しませてくれています。

ここでは、日本の大手4社に焦点を当て、私が取材してわかった各社のトップセラーのチョコレートとその特徴をまとめてみます。

チョコレート効果

〈明治〉

明治は、日本のチョコレートの国内市場売上シェア（２０２３年）は、24・７%と第一位です。１９２６年「明治ミルクチョコレート」を発売して以来、数多くのチョコレート商品を生み出してきました。

１位「チョコレート効果」

取材した私も驚きましたが、数ある明治のチョコレートの中で、今最も売れているのは「チョコレート効果」です。１９９８年に発売された、カカオポリフェノールの含有量に着目した健康を考える人のためのチョコレートです。ミルクチョコレートが好まれる日本において、カカオ分が72%以上のチョコレートは発売当初「苦い」となかなか受け入れられませんでしたが、２０１４年頃から大ヒット。カカオ分の高いチョコレートが健康に良い、というイメージを定着させ、多くのファンを獲得しました。

2位「きのこの山」「たけのこの里」

「あなたは、きのこの山派？ それともたけのこの里派？」そんな会話が日本全国で、もう50年ほど交わされ続けています。1975年に「きのこの山」、1979年に「たけのこの里」が発売されました。開発当時は、高度経済成長の反動から人々が自然や故郷を求める風潮がありました。そのことから日本の秋の味覚であるきのこ、春の味覚としてたけのこがモチーフとなり、パッケージデザインはのどかな日本の里山のイメージです。きのこ形チョコにはクラッカー、たけのこ形チョコにはクッキーが組み合わせてあり、食感と味の違いがあります。先行販売の「きのこの山」を「たけのこの里」が追い上げ、現在はほぼ同じ位の人気があります。

3位「明治ミルクチョコレート」

1926年に販売開始となった「明治ミルクチョコレート」は、明治のチョコレートのルーツです。開発当初からレシピを全く変えていないのが特徴です。原材料となるカカオ豆などを微調整し、植物性油脂を使用することなく、約100年経った今も変わらず、多くの日本人に愛される味を守り続けています。時代に合わせて板チョコの形状だけでなく、一口サイズ、個包装などさまざまなタイプを作り、シリーズ展開しています。

〈ロッテ〉

ロッテは、チョコレートの国内市場シェア第2位で、20・0%です（同社HPによる／22年4月～23年3月）。1948年に創業した当時はガムを販売するメーカーでしたが、1964年に初めてチョコレート事業に参入しました。

ガーナ

1位「ガーナ」

1964年に生まれた「ガーナミルクチョコレート」はロッテが初めて製造、販売した記念すべきチョコレートです。チョコレートメーカーとしては後発だったロッテが、ミルクチョコレートの本場、スイス以上の味を目指して開発しました。ロッテの熱意を受け、ヨーロッパから来日した技術者マックス・ブラック氏によるレシピがルーツです。真っ赤なパッケージを打ち出したのは、先行のブランドに挑むため。カカオの実のイラストも金色のロゴも発売当初から変わりません。ガーナといえばチョコ、とイメージする日本人が多いのはこのチョコレートの影響です。

2位「クランキー」

サクサク食感が人気の「クランキー」は1974年生まれです。実は日本の伝統菓子「おこし」に使われているパフがヒントとなって開発された「モルトパフ」が入っています。1960年代後半には、ビスケットなどを組み合わせたチョコ菓子が国内市場に次々と登場し、新しい食感が好まれるようになりました。ロッテはこの背景をもとにサクサク食感の板チョコを開発。「クランキー」は「サクサクする」という意味のクランチから作られた造語です。

3位「パイの実」

「パイの実」は1979年に発売されました。当時、チョコレートと別の素材を組み合わせたチョコ菓子が人気を集め始め、1970年代には国内市場で大きなカテゴリーが築かれつつありました。各社がユニークな商品開発に取り組む中、ロッテは他社が真似できない新しい商品をと模索し、生まれたのが「パイの実」です。商品名は、社内デザイナーが熱帯植物「パンノキ」から着想し、「おいしいパイの実がなる不思議な森」をイメージしてつけられました。

ダース

〈森永製菓〉

1899年創業。森永製菓は、1918年に日本で初めてカカオ豆から一貫製造されたチョコ「ミルクチョコレート」を作った、日本のチョコレート製造の先駆けです。

1位「ダース」

森永のトップセラー「ダース」は、1993年に誕生したスタイリッシュなパッケージの12個入りの粒チョコレートです。開発当時、粒タイプの無垢チョコレート（フルーツやナッツなどを加えない純粋なチョコレート）は、日本にほとんどなく、新しいスタイルで、一粒ずつみんなで分けて食べられるようにと、若者をターゲットにして作られました。ミルクチョコ、ホワイトチョコの味に特に多くのファンがついているのは、森永の独自製法によってミルクのコク、甘さのキレに特徴があるからです。

2位「カレ・ド・ショコラ」

2003年に登場した「カレ・ド・ショコラ」は、高級感を大切にした正方形の一口サイズの板チョコレートです。さまざまな限定商品が販売されますが、発売当初は「フレンチミルク」と「ベネズエラビター」の2種類があり、海外のようにコーヒーや紅茶、ワインと一緒にチョコレートを楽しむ文化を広めたいという思いから生まれました。「carré」はフランス語で「四角」を意味します。個包装された上品なスタイルは、チョコレートを味わう時間に情緒的な価値を添えています。ワインとのペアリングをプロとともに提案するなど、大人の楽しみ方も提唱しています。

3位「チョコボール」

「チョコボール」は1967年に誕生した、日本で有名なチョコレートのお菓子です。開発当初は主に小学生をターゲットにしつつ、大人の味覚にも応える味が追求されました。表面がなめらかで粒同士がくっつきにくく、夏に溶けにくいのは森永の技術が生んだ特徴です。1973年からピーナッツとキャラメルの2種類がレギュラー味となりました。

注目すべき取り組みは「おもちゃのカンヅメ」です。紙箱の取り出し口に金色のエンゼルマークが見つかれば1枚、銀色のエンゼルマークなら5枚集めれば必ずもらえるおもちゃ入りの缶詰で、長年日本の子どもたちに夢を与え続けています。「おもちゃのカンヅメ」は、今も年間およそ8万人に届けられています。

〈江崎グリコ〉

江崎グリコは商品の売上順位を公表していないため、人気商品のポッキーのみ紹介します。

ポッキー

1966年発売の江崎グリコのロングセラー「ポッキー」は、「チョコレートコーティングされたビスケットブランドの世界売上No．1」のギネス記録（2020年と2021年に申請）を持っています。

同社製品の「プリッツ」にチョコレートをコーティングしてはどうかという社員のアイデアから生まれ、食べるときの「ポキッ」という音にちなんで「ポッキー」と名付けられました。

どう食べてもらうかのシーンを積極的に提案してきた商品で、1976年にはお酒のマドラー代わりにして楽しむ味わい方を提案した「ポッキー・オン・ザ・ロック」、80年代には

「旅にポッキー」をキャッチコピーに、旅での楽しみ方を打ち出しました。各地の名産品を使った「地元ポッキー」はお土産に人気です。

第4章

熱狂のその裏で
——カカオ産地で起きていること

チョコレートの原材料「カカオ」への注目

チョコレートの原材料「カカオ」に、多くの人が関心を寄せる時代になりました。日本では、2014年頃からカカオの健康効果がメディアで頻繁に取り上げられ、店に並ぶチョコレートのパッケージには、カカオの写真やイラスト、「カカオ70％」といったカカオ含有量が表示されたものが増えています。

2015年9月には、国連サミットで持続可能な開発目標（SDGs）が採択されたことによって、カカオ生産地で長年問題となっていた児童労働や貧困、気候変動による不作などに光が当たりました。

チョコレートの向こう側には、カカオを栽培して生計を立てている多くの人がいます。チョコレートを愛する日本人として、大切な原材料である「カカオ」にも目を向けていきたい。そんな思いを込めて、この章ではカカオ産地と直接関わりながら持続可能なチョコレートの未来を考え、活動している方々を紹介します。

1　大企業によるカカオ産地支援

日本でチョコレートを製造販売する大手企業が、カカオ生産地を積極的に支援しています。株式会社　明治の宇都宮洋之さんは、チョコレートの研究開発に携わりながら、9カ国のカカオ産地と20年以上関わり続けています。チョコレート作りになくてはならないカカオ豆の生産を持続可能にするために、カカオ豆の品質向上や農家の生活向上、地域の環境保全などの課題解決に取り組んでいます。

宇都宮洋之さん　株式会社　明治　グローバルカカオ事業本部　カカオクリエイター®

1993年に明治製菓株式会社（現在は株式会社　明治）に入社。チョコレートの製造や技術部門を経て、現在は商品開発やカカオの研究を行っています。2006年からカカオ産地の農家との協業、支援活動をスタートしました。カカオ産地で研究開発を推進する社員で、カカオ農家支援活動「メイジ・カカオ・サポート」の立ち上げメンバーです。

（宇都宮さん談）

入社してから5年半は、大阪の工場でチョコレート製造を担当していました。研究所へ異動し、素材や商品開発に携わっていた2005年には明治初の「カカオ」に特化した部署「カカオ基礎研究グループ」が発足し、私はその立ち上げに関わりました。そこで私は直訴したんですよ。「私たちはカカオからチョコレートを作っているのだから、産地に足を運び、カカオ生産に積極的に関わるべきです」と。

提案が認められ、2006年からカカオ産地へ積極的に出向くようになりました。それまでは商社などを通じてカカオ豆のサンプルを取り寄せていたため、産地への出張は短期で、実際にカカオ生産に関わるのは新しい試みでした。これが、明治のカカオ農家支援活動「メイジ・カカオ・サポート」の始まりです。

カカオ産地へ出向き、農家と向き合う

とにかく最初は大変でした。最初はエクアドルとベネズエラとペルーへ行きましたが、農家さんは、カカオ豆がどうやってチョコレートになるかを知らないし「あなたたち誰」という感じで、私たちが来る意味がわからない。保冷バッグにチョコレートを入れて運んでいっては「こういうチョコにするからこういう仕事をしてもらいたい」などと、辛抱強く説明を

続けました。

現在、私たちは9カ国（ガーナ、ベネズエラ、エクアドル、ペルー、ドミニカ共和国、ブラジル、メキシコ、ベトナム、マダガスカル）のカカオ産地をサポートしています。農家さんの支援を行い、品質の良いカカオを生産していただき、市場価格より高く購入することで農家さんに還元しています。また、生産性の高いカカオの苗木を無料で配布し、ガーナでは井戸を寄贈、ペルーでは剪定機や除草機を無料で貸し出す「農機具バンク」を設立しました。一方的な支援にならないように、社員が必ず直接農家さんの困りごとをヒヤリングすることにしています。

長くやっていると、気づくことが多いです。「支援した地域のカカオを長く使い続けなければ、真の意味での支援にならない」ということも活動しているうちにわかりました。

そこで2014年には、私たちの支援地域のカカオを主体にして作ったチョコレート「明治ザ・チョコレート」を発売しました。2016年秋にはリニューアルを行い、カカオの香りをより引き立たせる製法に改善し、クラフト感のあるパッケージを採用したことで大ヒット。「ベネズエラ」「ブラジル」など、単一産地のカカオの香味を楽しめるのが話題となり、発売以来累計で1億個を超える販売実績を達成しています。2024年10月からは、商品名が「明治　ザ・カカオ」になりました。

カカオの新しい価値を創造

数年前からは、チョコレートに限らない、カカオの新たな価値を追求し始めました。これにもきっかけがあります。どれだけ支援を続けてもなかなか農家の現状が改善されない。「チョコレートだけでは変わらないな」と考えたのです。

研究を重ね、2022年には支援地産カカオから「カカオフラバノールエキス」を抽出・素材化し、高濃度のポリフェノール入りのドリンクやゼリーを開発しました。2023年にはカカオが持つ保湿成分「カカオセラミド」の素材化に世界で初めて成功しました。カカオの化粧品への応用、展開への可能性が広がります。

チョコレートの製造工程で廃棄されるカカオハスク（カカオ豆の外皮）のアップサイクルにも力を入れています。海にも土にも分解される「カカオハスク活用生分解性プラスチック」を開発しました。普通のプラスチックと同じように加工できるので名刺や、ボールペンやストローにも加工できます。自社のチョコレート商品のトレイに使う計画もあります。カカオの新たな可能性を見つけ、新しいシステムを作れば、カカオ農家により還元できると考えています。

カカオ農家さんのことは、常に考えていますね。貧しさを目の当たりにしてきていますから。何とかするにはどうしたらいいのかな、といつも頭にあります。

18年間で30回以上産地を訪れ、その多くは長期滞在です。さまざまな産地の方々との出会いを通じて、無償でカカオの遺伝子や生産品の品質を分析し、その結果を届けることもあります。それによって、産地の方々は改善策を得ることができますからね。こうした科学的な分析を行えるのは、明治の強みです。明治は2022年から「ひらけ、カカオ。」をスローガンに掲げ、カカオ農家さんの負担を増やさず、カカオの付加価値を増やすためのチャレンジを進めています。「今までになかった」方策を打ち出し、より一層課題解決に取り組んでいきます。

2　カカオ産地の児童労働問題に取り組む日本のＮＰＯ

西アフリカはカカオの主要な生産地です。世界最大のカカオ生産国はコートジボワールで、ガーナは世界第2位の産地です（2024年現在）。日本はガーナからチョコレートに使うカカオ全体の約7〜8割を輸入しています。

そんな日本のチョコレートを支える重要な国、ガーナのカカオ生産地では、生活を支えるためにカカオ農家の子どもが学校へ通えず、働かなくてはならない現状が続いています。児童労働の問題を解決するために、ガーナのカカオ産地で、2009年から日本のNPOが活動を続けています。

認定ＮＰＯ法人 ＡＣＥ 副代表　白木朋子さん

NPO法人「ACE」は2009年からガーナのカカオ生産地域で、児童労働をなくすための活動をスタート。「スマイル・ガーナ プロジェクト」を通じて、カカオ農家の子どもや家族、コミュニティを支援し、子どもたちが学校へ通える仕組みを整えています。ACE

活動は、2023年に第6回ジャパンSDGsアワードでSDGs推進本部長（内閣総理大臣）賞を受賞しています。

（白木さん談）

ACEは「Action against Child Exploitation＝子どもの搾取に反対する行動」という意味です。私が学生だった1997年に、世界中のすべての子どもが児童労働から守られ、教育を受ける権利が保障されることを目標に、5人の有志で立ち上げました。

ガーナのカカオ産地で活動を始めたのは、私がチョコレート好きだった、という理由もありますが、西アフリカのカカオ産地の児童労働が問題になっていたからです。現状を知るために、2008年にガーナへ調査に行きました。カカオ農家のコミュニティを訪れ、学校の授業を見て、村の人の家に泊めてもらい、農家さんや子どもがいかに過酷な生活環境にあるのかを知りました。

ガーナのカカオ産地の児童労働

これまでに、ガーナのアシャンティ州アチュマ・ンプニュア郡とアハフォ州アスナフォ・サウス郡の12の村で活動し、児童労働をなくす仕組みを作ってきました。人身取引の現場から子どもを保護したこともあります。残念なことですが、ガーナでは親から引き離されて、働かされる被害が未だにあります。産業のない地域で生まれた子どもは、最悪の場合、労働力としてカカオ農家へ売られてしまうことがあるのです。

カカオ産地には、子どもが働くことが悪いこととは思っていない人たちもたくさんいます。日本でも昔は同様の状況がありましたが、今でもガーナでは貧しい家庭の子どもは働かないと仕方ないとも考えられています。しかしそもそも教育を受けることは子どもの権利ですし、教育を受けられなければ未来は限られてしまう。教育の大切さを地道に伝え、教材や制服を支給していくと子どもたちは元気に学校へ行くようになります。親の意識が変わる様子も何度も目の当たりにしてきました。

例えば、私たちが最初に取り組みを行った村では、9歳の頃からカカオ農園で厳しい労働を強いられてきた男の子が学校へ行くようになり、熱心に勉強して大学を卒業しました。今では学校の先生です。

私たちの活動では、村ごとに住民ボランティアを10人ほど募ってグループを作り、コミュニティの中で見守りを続けています。親御さんの話を聞いたり、子どもの相談にのったりと、村のすべての子どもたちが学校で学べるようにサポートしています。ボランティアの中には「自分が昔教育を受けられなかったから子どもの力になりたい」という人もいます。

児童労働とは、義務教育を妨げる労働や法律で禁止されている18歳未満の危険・有害な労働のこと。世界には1億6000万人、子どもの10人に1人が児童労働をしているといわれています（ILO／UNICEF：2021年発表推計）。ガーナのカカオ農家でも、多くの子どもたちが学校に行けず、けがや病気の危険にさらされています。

現在私たちは、ガーナ政府が国の制度として導入を進める「児童労働フリーゾーン（CLFZ）」を認定する仕組み作りを、ガーナ政府とともに日本政府の資金支援を受けながら行っています。企業への助言、国際機関や専門家と連携した多くのプロジェクトにも関わっています。

1枚につき500円が支援になるチョコレート

新しい試みとして、2023年にACEの支援地産カカオを100%使用したオリジナルチョコレート「アニダソ」を作りました。このチョコレートを一枚購入するごとに、自動的に500円がガーナのカカオ産地の子どもたちへの支援金になる仕組みが実現しました。美味しいチョコレートを味わいながら、誰でも楽しくカカオ産地を支援することができます。多くのメディアにも注目していただき、最初の目標を超える3000枚以上を販売できました。

ある調査によると、ガーナのカカオ農家、ひとりの1日の平均収入は1ドル以下で、世界銀行が定める極度の貧困ラインである2・15ドルの半分にも達していません。児童労働の根本的な原因ともいえる問題です。短期的な利益追求から脱却し、政府も産業界も連携することが求められています。

私は、いつかこの先、ＡＣＥが活動しなくてもよくなる未来を願っています。

「ANIDASOO　アニダソ」チョコレートのこと

白木さんの話に登場する「アニダソ」は、ＡＣＥが活動を進めてきた地域で収穫されたカカオを100％使用したチョコレートです。カカオ分の高いミルクチョコレートで、私はボランティアとしてプロデュースに関わりました。

きっかけは、2023年11月にガーナのカカオ産地を取材したときに、自分が何をできるのかを真剣に考えたことです。カカオ農家の土でできた家にお邪魔し、電気も水道もない生活や、子どもたちの虚ろな瞳を見つめながら、チョコレートを食べている私たちだけが幸せでいるのは、明らかに不公平だと痛感しました。

「美味しいチョコレートを買って食べるだけで、ガーナのカカオ産地を確実に支援できる」。

そんな夢のようなチョコレートがあったら……。それを形にしようと「美味しさ」には妥協せず、徹底的にこだわりました。私たち日本のチョコレートファンがいつもお世話になっているガーナのカカオ農家のご家族、お父さんもお母さんも小さな子どもたちも、みんなが私たちと同じように笑顔になってほしい。カカオ生産者も消費者も共に幸せを分かち合える未来を願って、このチョコレートが生まれました。

「アニダソ」の次回の製造・販売は、ACEの活動地域がガーナ政府による「児童労働フリーゾーン」の認定を受け、カカオを調達できた段階で検討することになっています。

3　南米のカカオ産地でカカオと向き合う人々

カカオの主要産地といえば、西アフリカが広く知られていますが、南米や中南米にも数多くの重要な産地があります。カカオと人類の関わりは5300年以上の歴史があり、その起源は南米にあります。ここでは、コロンビアとペルーのカカオ生産者と良好な関係を築きながら、地域固有のカカオの風味を生かしたチョコレート作りに取り組む方々を紹介します。

小方真弓さん　カカオハンター（コロンビア）

コロンビアを拠点に活動する小方真弓さんは、コロンビア国内各地でカカオの調査を行い、生産者にカカオの生産、品質向上ための技術を伝えています。2013年に「カカオハンターズ（チョコレートブランド）」を立ち上げ、カウカ県にある自社工場で作ったチョコレートを日本へ輸出・販売しています。

（小方さん談）

私はもともと1997年に製菓原料チョコレートメーカーに入社して、社員として商品開発や企画開発を行っていました。仕事を続ける中で、チョコレートを開発しているのに、自分がカカオの世界を知らないことに疑問を感じて一念発起、6年勤めた会社をやめてカカオ生産国へ旅することを決めました。

15カ国のカカオ生産国を訪れました。最初に訪れたのはグアテマラです。同時進行でチョコレート理解のために毎年のようにヨーロッパへ渡り、ルレ・デセール会員の店や、さまざまなショコラトリーを訪ねて回りました。アンリ・ルルーさんのショコラに衝撃と感銘を受け、パリの「サロン・デュ・ショコラ」のルルーさんのブースで接客を担当したこともあります。カカオ産地とヨーロッパでの経験を生かし、2003年にはチョコレート製造技術を教えるコンサルタントとして独立、国内企業のチョコレートの開発などに携わりました。

コロンビアのカカオ生産者とともに

コロンビアとの出会いは、2009年です。当時コーヒーの仕事に従事していた現在の共同経営者に誘われてこの国のカカオ産地を旅したとき、その高いカカオのポテンシャルに魅了され、2010年「Cacao de Colombia S.A.S.」に経営参画、活動拠点をコロンビアに移しました。それからは、日本とコロンビアを行き来する生活です。

コロンビアではカカオ生産者への技術指導や、自社工場でのチョコレート製造や開発、製造スタッフへの指導を行っています。カカオの世界は栽培の技術指導者が少なく、生産者はカカオ栽培の知識をなかなかしっかり身につけられません。これが生計を立てる術を持てない理由でもあります。カカオ生産者の高齢化も問題です。

私たちは高品質なカカオに対して、付加価値としてより多くの支払いをします。それによって生産者のモチベーションが上がり、結果としてチョコレートがより品質の高いものになります。チョコレートの作り手である私たちからもフィードバックを届けることにより、カカオの品質も上がっていきます。

コロンビアの自社工場で作ったチョコレートは「カカオハンターズ」というブランド名で日本へ輸出・販売しています。日本のバレンタイン催事には、私が売り場に立ってカカオや産地の話をします。毎年楽しみにしてくださっている方がいるんですよ。

カカオとチョコレートの世界の等しさ

チョコレートとカカオの間には多くの問題があります。ひとつは、カカオ（原産国）とチョコレート（消費国）の世界が必ずしも等しいとはいえないこと。「カカオ側の世界」は複雑なので隠れがちで、わかりやすい「チョコレート側の世界」が取り上げられがちです。カカオとチョコレート、その世界の等しさを、皆で考えられるようになるといいですね。私がセミナーやイベントでカカオ側の話をするのは、そのためです。

もうひとつは、チョコレート消費国の企業が、カカオ生産国と連携して研究を進める事例がまだまだ少ないこと。カカオ産地と知見を共有し、生産側の視点からさまざまな理解をする必要があると思います。

コロンビアでは、チョコレートの風味を決定づけるために重要なカカオの発酵施設の立ち上げも行いますし、生産性に優れて風味が良いカカオを見つけ出し、接木をすることで保全する活動も進めています。この活動によって、その土地だけが持ち合わせる稀少なカカオの味わいを次世代につなぐことができます。

カカオの世界には魅力や課題がまだまだあります。今後も未来のために、より深いカカオの世界を探求します。

太田哲雄さん　「ラ カーサ ディ テツオ オオタ」「アマゾンカカオ」代表（ペルー）

軽井沢を拠点にレストランを営む料理人。スペインの「エル・ブジ」、ペルーの「アストリッド・イ・ガストン」など世界的に有名なレストランでの仕事を経て、２０１５年にペルーでカカオ生産者と出会い、現在は２０００を超える農家とともにカカオマスやカカオニブなどを製造、「アマゾンカカオ」として日本に仕入れています。

（太田さん談）

スペイン、イタリアでの仕事を終えて、２０１３年に南米のペルーへ渡り、首都リマで仕事をしていました。ペルーで興味を持ったのがアマゾンの豊かな食材です。

ある時、ほとんどの人がカカオ栽培で生計を立てる、ペルー北部サンマルティン県タラポトの村へ行ったんですね。カカオの発酵の仕組みなどを知りたかったので、友だちの家を訪ねるような感覚で、時々生産者さんのところへ出かけていました。そこで目の当たりにしたのが華やかなショコラティエの世界とカカオの原産国の経済的格差です。原産国が潤わないのっておかしいですよね。そう感じていたところへ村の人から何か一緒にやらないかと声をかけられて、それでエンジンがかかりました。

それから私は、村の生産者さんが収穫したカカオを現地で加工してカカオマス、カカオパウダー、カカオニブ、カカオバター、カカオハスク、クーベルチュールチョコレートなどを作り、一連の製品に「アマゾンカカオ」と名付けて、日本に仕入れる仕組みを作りました。関わる生産者さんはどんどん増えて、今はサンマルティン県やタランボを中心に２０００人のカカオ農家さんと協業しています。カカオからカカオマスなどのすべてを原産国で作る理由は、その方が農園の人たちの賃金が増えるからです。

料理人からカカオの魅力が広がった

日本の取引先は、始めた当初は5社でしたが、今では500社を超えています。初めて日本で「アマゾンカカオ」を使ってくれたのはフロリレージュの川手寛康シェフです。またコートドールの斉須政雄シェフ、菊乃井の村田吉弘さんをはじめ、日本のトップシェフが使ってくださったことによって、多くの料理人が関心を持ってくれました。

私は料理人ですので、料理人の考えを理解できます。例えば、私が取り扱うカカオマスがなぜ大きな塊で、かち割って販売されるのか。その理由をパルメザンチーズに例えると料理人は納得します。理由は空気に触れる部分を減らし、香りが少しでも飛ばないようにするためです。カカオニブも同じ理由でサイズが大きめで、自然な形に不均等に砕いてあります。

実際私はイタリアで、パルメザンチーズの研究もしていたことがあるんですよ。

昨年はカカオ農園にバナナがあったので、天日干ししてスナックにし、生産者と一緒にカルダモン入りのチョコレートと合わせてみました。新しいことを知ると彼らは興味を持って、製品化したいと望んでくれます。これからもできるだけ生産者さんたちと一緒にいて、いろいろな話をしたいですね。

美味しいものを作るだけでなく社会貢献を

美味しいものを作るだけでなく社会貢献をしたいと思うようになったのは、海外で一緒に働いたシェフたちの背中を見てきたからです。彼らはアンデスやアマゾンの生産者、ジャガイモの生産者を手厚く支援し、貧困層の人々のために無料で食事を提供するなど、積極的に社会貢献や支援活動を行っていました。こうした料理人を身近に見てきたことが、私自身の価値観や行動に大きな影響を与えています。

カカオは地球温暖化の影響で収穫量が減少したり、風味が乏しくなるなどの問題が生じています。このような状況で、10年後や20年後の未来をどのように描けるでしょうか。

私が憧れた人々は時代を作り上げてきた人たちです。普通の人が「そんなことするの？」と驚くようなことをして、新しい時代を築いてきました。料理の世界から見ると、チョコレートの世界にはまだまだ変えられる部分がたくさんあります。私も新しい時代を作りたいと思っています。

小方真弓さんの「カカオハンターズ」と太田哲雄さんの「アマゾンカカオ」のチョコレー

トやカカオ製品は、日本の高級レストランやパティスリー、ブーランジェリーなどで、料理素材や製菓材料として使用されています。これらのチョコレートは、マスマーケットで販売されるタイプと異なり、特定の産地のカカオ豆を使った風味のオリジナリティが特徴です。催事やオンラインでは一般向けにも販売され、愛好家から評価されています。

高橋力榮さん　「ノエルベルデ」（エクアドル）

西アフリカに続く主要なカカオ生産国、エクアドルでも日本人が活躍しています。エクアドルの首都・キトに住む高橋力榮さんです。高橋さんは、農作物の視察や研究を行う中で、カカオに魅了されました。

現在は、プロの有機農業技術者としてエクアドル国内のカカオ生産者との交流を深め、カカオ栽培や発酵方法などを伝えています。2018年には「ノエルベルデ」というオリジナルブランドを立ち上げ、エクアドル産カカオを使ったチョコレートの自社製造と、日本への輸出、販売をスタートしました。

農業技術のセミナーは無償で行い、農家の方から「リッキー、ちょっときてくれる？」「発酵をみてくれる？」とSNSを通じて連絡があると、農家に4～5日泊まり込んでカカオ豆の発酵をチェックすることもあるそうです。

カカオ生産者の生活向上を考え、常に農家の方と同じ目線で活動を共にする高橋さん。「搾取型のカカオ生産の時代は終わると思います。上下関係ではなく違いを認め合い、横のつながりで前進し、共に結果を得ながら成長する。生産者、販売者、消費者、地域、生物、自然、未来、すべてにとって良いものを運ぶ運び手になりたい」と、高橋さんは話してくれました。

4　世界のカカオ産地と取引するトレーダー

カカオの国際価格は、ニューヨーク市場とロンドン市場の先物価格が基準となって決まります。カカオ豆を輸入、国内外へ販売するトレーダーの立場から、カカオの未来を考えている日本人もいます。

生田渉さん　立花商店取締役東京支店長　タチバナインターナショナル代表取締役社長

２０１０年に株式会社立花商店に入社した生田渉さんは、世界各国からカカオ豆を輸入し、国内外のチョコレートメーカーに販売するカカオトレーダーです。現在は、アフリカ、南米、アジアを含む10カ国と取引を行っています。

（生田さん談）

２０００年に大学を卒業して専門商社に就職し、カリフォルニアのアーモンドなどを取り扱っていました。ガーナ人と知り合ってカカオに興味を持ち、カカオやチョコレートの取り扱いを始めたのですが、そこで衝撃を受けました。カリフォルニアとガーナの状況がまるきり逆だったからです。20代前半にカリフォルニアを訪れ、アーモンド農家の豊かさを見てきた一方で、ガーナの農家の人々は日々の暮らしにも困っていました。

カカオの国際相場が農家の収入を左右する

２０１０年に株式会社立花商店に入社し、世界中のカカオを安心して買っていただける会社になることを目指してカカオトレードをゼロから始めて、今では20カ国以上の生産地と取引をしています。

特にこの仕事を通じて感じるのは、世界のカカオ供給を支える西アフリカが直面している問題です。カカオの木の老朽化や生産者の高齢化のほか、カカオの国際相場が生産者の収入に与える影響も大きな課題となっています。

カカオの国際取引は、ほとんどの価格交渉がニューヨークとロンドンで上場されるカカオ豆の先物市場の取引価格をベースにします。その変動は大きく、生産者が作ったカカオの品質も数量も変わらなくても、先物価格が変われば値段は上下します。特に西アフリカのカカオ農家の多くは貯金の概念がなく、貯金できる生活水準にはないことが多いです。そのため、カカオの価格が下がれば、途端に生活に直接的な影響が出てきます。

もうひとつは、カカオの輸出業者が業界のしくみや産業構造を知らないことが多く、これも問題です。簡単に契約を不履行にする業者も、いくらでもいるんですよ。彼らは少しでも儲けたいわけですからね、都合が悪いと「旅行中」などといって連絡が取れなくなるし、都合がいいと「お前は人生の友人だ、ハローブラザー」と（笑）。

契約してもカカオが届かないこともあります。生産者が安定した収入を得るには、集荷業者や輸出業者がルールを守り、上手く販売することが欠かせません。

現地とのつながりを大切に

カカオ生産国と日本では、慣習や文化が全く異なるため、現地と深く関わり、毎日、毎週コミュニケーションを取り続けなければなりません。カカオを取引するためには、現地の方々に「いつものタチバナ」と安心してもらうことが必要です。

相互理解を深めるために、私たちはガーナ、ギニア、フィリピン、ベネズエラ、タンザニアに駐在員や現地スタッフを置いています。ガーナの駐在員は、井戸の設置や必要な物資の調達・提供など、生活支援も行っています。また、廃棄されるカカオポッドを焼いて炭化させ、オーガニック飼料にする活動も始めました。

小さな産地にも光を当てる

100トン単位の大きな取引をしているのは、西アフリカや南米、アジア各国の15カ国ほどですが、世界の小さな産地にも注目しています。今はギニアや、フィリピン、南米ではベネズエラですね。ポテンシャルのある生産国からカカオを買い付け、カカオの安定供給につなげたいですね。

甘いチョコレートの印象とは反対に、カカオ生産者が抱える課題があります。それらを解決しながら、フェアな産業構造を作っていきたいです。

5　カカオ産地を伝える百貨店バイヤー

日本で最もチョコレートが売れるのは、バレンタインシーズン。日本のほとんどの百貨店はバレンタインデーに合わせてチョコレートの催事を行います。日本最大級のバレンタインイベントを統括するバイヤー、髙見さゆりさんは多くのカカオ産地を訪れ、現地で実感したことを売り場に生かしています。バレンタインイベントを統括する人が、なぜカカオ産地へ出かけるのか、思いを聞いてみました。

髙見さゆりさん　株式会社阪急阪神百貨店「バレンタインチョコレート博覧会」バイヤー

株式会社阪急阪神百貨店の社員で、阪急うめだ本店で毎年1月中旬から2月14日まで開催される「バレンタインチョコレート博覧会」のバイヤー。300ブランド、3000種類のチョコレートを販売する日本最大級のバレンタインイベントを統括しています。

（髙見さん談）

バイヤーになったのは2008年ですから、もう15年以上ですね。新しいチョコレートの発掘や、各社との商談、売り場の新企画を考えて、それらを実現するまでのすべてが私の仕事です。

この夏はコロンビアに行ったんですよ。コロンビアは2回目です。出かけたカカオ生産国は7カ国で、2011年に初めてエクアドルに行ったのをきっかけに、ベトナムに3回、コロンビアに2回、インドネシア、台湾、ニカラグア、ペルー、エクアドル、合計11回です。

産地を訪れたきっかけは、バレンタインのバイヤーとして自分が売るものに責任を持ちたいと思ったからです。2009年に参加したイベントで、自分が「フェアトレード」という言葉の意味をよく理解していないことに気づきました。それまで、チョコレートを選ぶときに、カカオの価値や生産国について深く考えられていませんでした。

売れるものかどうかだけでない基準

バレンタインはある意味商戦なので、売れるものかどうかという基準があります。でも、それだけではない価値を伝えるためにカカオの生産国へ行きたいとも思いました。

産地へ行くと、チョコレートの消費国では当然とされることが、実は当たり前でないことがわかります。バイヤーとしてお客さまに伝えたいものをじっくり考えていると、気持ちがカカオ産地に向かい、美味しいチョコレートをさかのぼると原料のカカオになります。作っているのはどんな人だろう、農家の人は本当にチョコレートを食べたことがないのかな、そう思ったら、行ってみないとわからないじゃないですか。

２０１４年の「バレンタインチョコレート博覧会」では、ビーントゥバーチョコレートを集めた「タブレットミュージアム」という売り場を作りました。２０１６年からはバージョンアップして「カカオワールド」と名前を変えています。カカオ生産者の思いが反映されたチョコレートを取り揃える、人気が高い企画の会場です。

また、催事中はほぼ毎日、ショコラティエやカカオ産地に関わる方々が登壇する無料セミナーを行っています。会場で誰でも気軽に専門家たちの知識や経験を聞けて、新しい発見につながります。

カカオ生産者をイベントに招聘

２０１７年の「バレンタインチョコレート博覧会」では、コロンビアからカカオ生産者のアルアコ族のエルナン君をお招きしました。コロンビアから出たことのない子が、大阪まで何十時間もかけて来てくれたんですよ。会場では、エルナン君と参加者たちがおしゃべりや写真撮影で盛り上がりました。エルナン君は、自分が育てたカカオから作られたチョコレートがこんなに美味しいと言われることを、とっても喜んでいました。そのとき「次は私が会いに行くね」と約束して、2018年には私がコロンビアを訪れました。

私は、お客さまはもちろん、多くのシェフにも産地を知っていただけると良いなと思っています。生産国の人たちが頑張って作ったカカオからできたチョコレートだとわかれば、商品のアウトプットも変わるのではないでしょうか。

カカオの作り手の思いのバトンを、私たちの百貨店を通してお客さまに届けたい。またお客さまの声を生産者にも届けたいです。百貨店だけが売上を上げてハッピーになるのではなく、チョコレートやカカオに関わるすべての人々がハッピーになる形を目指しています。

カカオ産地と交流を深めるショコラティエ・土屋公二さん

日本でチョコレート専門店を展開するショコラティエの中にも、カカオ産地を頻繁に訪れている人がいます。

土屋公二さんは、1999年から東京・渋谷区で「ミュゼ・ドゥ・ショコラ　テオブロマ」を営むショコラティエです。フランスでチョコレート作りを学び、フランスのショコラの文化を長年日本に伝えてきたショコラティエですが、同時にチョコレートのルーツであるカカオ産地に積極的に出向き、生産者との交流を深めています。

土屋さんは、お店で小規模なイベントを不定期に開催しています。一般の人はなかなか出かけるにはハードルが高い、南米やアフリカのカカオ産地をテーマにした内容で、生産国の魅力を生産国に関わる人々から聞けたり、現地で撮影した写真を見られます。

私も参加したことがありますが、カカオやチョコレートの試食を交えた和やかな雰囲気で、カカオ生産国を身近に感じることができました。

訪れたカカオ生産国は、マダガスカル、ガーナ、ベトナム、グアテマラ、ベネズエラ、ドミニカ共和国など、合計18カ国にのぼるという土屋さん。

「カカオ産地のことを伝える義務があると思っています。日本は安全で、環境の良いところなんですよ。でもカカオ生産地は、そうではありません。水不足で、暑くて、毎日一生懸命に働いても、月に1万円稼げない人もたくさんいます。そういうことも伝えないと、消費国の人は無駄にカカオを使うかもしれないでしょう。そういうことをちゃんと考えてみなさんにチョコレートを食べてほしいと思っています」

カカオとチョコレートを伝えるジャーナリスト

いかがでしょうか。みなさんの話から、チョコレートの向こう側にある、カカオの世界を感じていただけたでしょうか。

チョコレートは約150年前に日本で初めて作られ、以来多くの日本人に愛され続けてきました。しかし、その長い歴史の中で、カカオの生産国に関する情報は日本にほとんど入ってくることがありませんでした。日本人はこれまで、チョコレートが、何からどうやって作られているのかを知らなかったのです。

私自身もそうです。5歳の頃からチョコレート好きで、1990年代から日本のチョコレートシーンを見てきた愛好家ですが、同じようにカカオのことをよく理解していませんでした。

私がようやくカカオ産地に関心を持つようになったのは、2011年1月です。東京・広尾を歩いていて偶然出会った小さなイベント、ACEの学生チームが主催した「バレンタイン・フィルム・キャンペーン in 広尾」がきっかけでした。会場に足を踏み入れると、カカオ産地での児童労働を伝えるフィルムが上映されていて、ガーナで活動している白木朋子さんから、直接話を聞けました。その時の驚きと信じられない思いは今でも忘れることができ

ガーナの村で子どもたちを取材

ません。もちろん、書籍や海外の記事で産地の状況について知ってはいましたが、この経験は実感となって私の心に衝撃を与え、本当の意味での転機となりました。

国連でSDGsが採択されてから、カカオ生産国の問題が日本で注目され始めています。こうした流れの中で、私は欧米のみならず、可能な限りカカオ生産国の情報を伝えたいと考えています。日本の消費者がカカオ生産国やカカオそのものに関心を持つことが、チョコレートの未来につながると思うからです。

しかし、課題もあります。主要なカカオ生産国は日本から遠く、国の情勢や治安の問題から取材が難しいことも多いのです。私自身も、何度か渡航を断念した経験があります。また、消

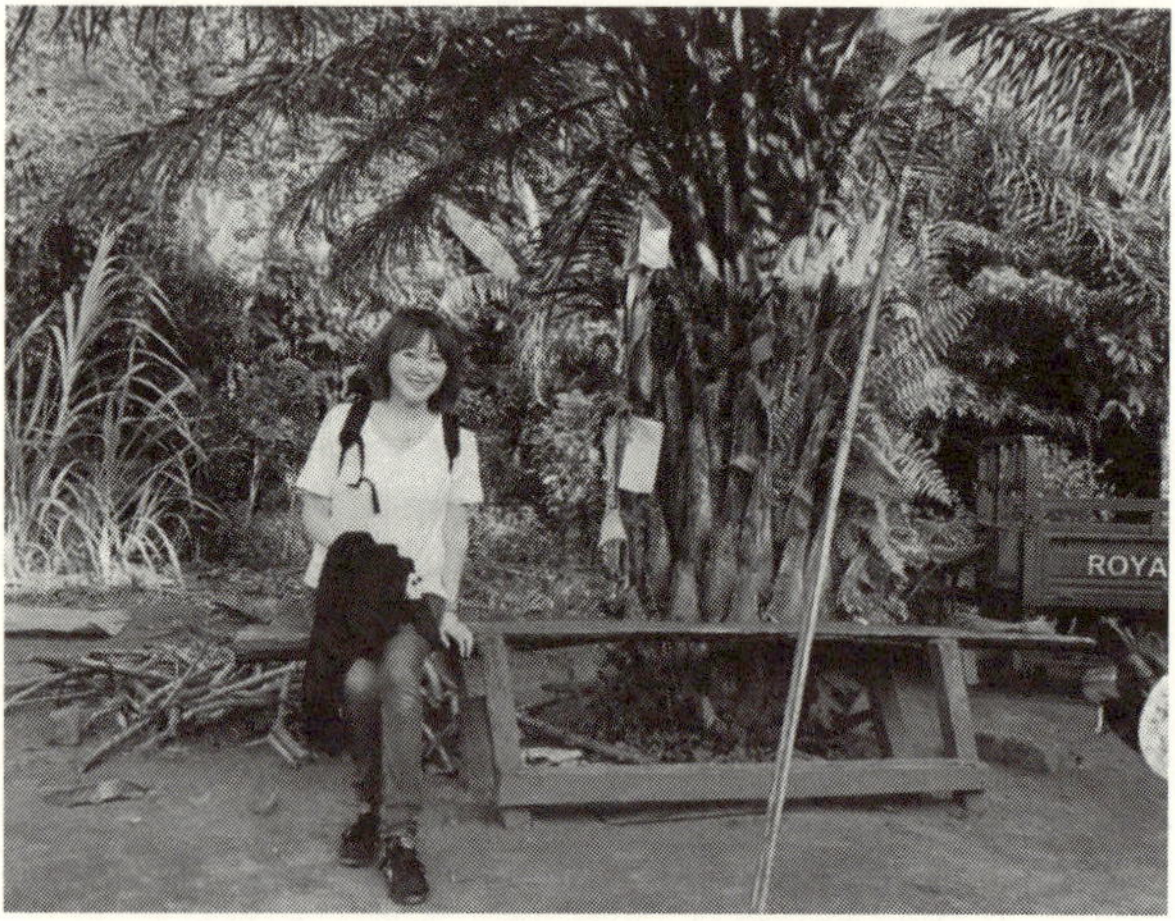

ガーナの農家を訪れた筆者

費国と同じ感覚でいては現地の実態を理解できず、正確な情報や答えを見つけるのが非常に困難です。

私は筋金入りのチョコレート好きですから、もちろんこれまでどおり、メディアを通じて話題のバレンタインチョコレートやきらめくようなチョコレートの魅力をお伝えします。その一方で、チョコレートの社会的な側面にも引き続き目を向けていきます。

これまで木を見て森を見ていなかった私たちが、少しずつ全体を捉え始めています。この小さな意識の変化こそが、チョコレートの持続可能な未来を築くための一助となるかもしれません。今、この時代にチョコレート消費国である日本で生まれ育ったジャーナリストとして、広

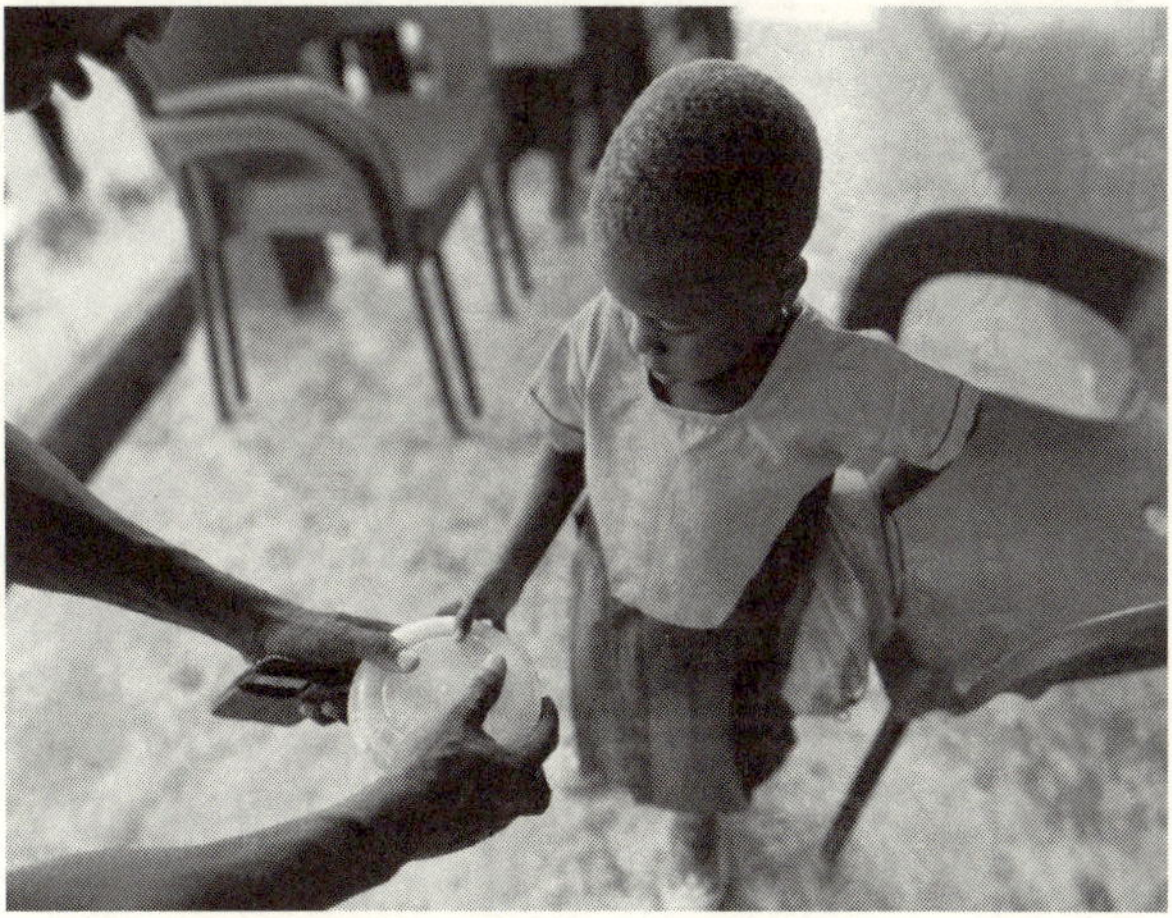

ガーナにて

い視野を持ち、チョコレートの世界をわかりやすく伝えることが、私の小さな役割なのかもしれません。

第5章
日本のチョコレートの今とこれから

1　ビーントゥバーチョコレートとは

「Bean to Bar（ビーントゥバー）」とは

「ビーントゥバー」や「ビーントゥバーチョコレート」という言葉を耳にしたことがあるでしょうか。これらは、2000年代前半にアメリカで生まれたチョコレート業界のムーブメントのことです。チョコレートやカカオの愛好家の間ではよく知られていますが、多くの方にはまだ馴染みが薄いかもしれません。まずはその意味を説明します。

「ビーントゥバー（Bean to Bar）」とは、カカオ豆からチョコレートまでを一貫製造するチョコレート作りのスタイル、または、そうして作られたチョコレートのことです。

言葉を分解して、頭に from が省略されている、と考えるとわかりやすいかもしれません。(from) Bean to Bar。つまりカカオ豆からバー（チョコレートバー・板チョコ）まで、ということになります。

ビーントゥバーチョコレート店は、自社でチョコレートの原料であるカカオ豆（ビーン）を仕入れて、カカオ豆を焙煎し、磨砕、成型などのすべての工程を一貫して行っています。

数名が工房で作業を行う小規模な店が多いのが特徴で、その活動や店ごとの異なる個性にファンがついています。

「カカオからチョコ」「チョコから商品」の2つの仕事

「カカオからチョコレートまでを作るブランド」と聞くと、多くの方が「チョコレート屋さんがカカオ豆からチョコレートを一貫して製造するのは普通のことではないの？」と思うかもしれません。かつてはそれが一般的でしたが、現在ではそうとは言えないのです。

現在、「カカオ豆からチョコレートまで」を担っているのは、主に製菓用チョコレート（クーベルチュール）を専門とするメーカーです。一方で「チョコレートから商品まで」を手がけるのは、ショコラティエやチョコレートメーカーの仕事です。

つまり、「カカオからチョコレートを作る」のと「チョコレートから商品を作る」のは全く異なる2つの専門分野で、前者を担うのは製菓用チョコレートメーカー、後者はチョコレート職人や菓子メーカーが専門としています。メーカーやブランドごとの役割をおおまかに整理すると、以下のようになります。

製菓用チョコレートメーカー：カカオ豆からチョコレートを作るプロフェッショナルです。

単一産地のカカオ豆を使用したチョコレートや、カカオをブレンドしたチョコレートなど種類はさまざまです。製品をプロのショコラティエやパティシエが購入して使用します。

チョコレート専門店：ショコラティエやパティシエが、製菓用チョコレートメーカーから理想とするチョコレートを厳選して購入し、それらを使ってボンボンショコラやケーキなどのチョコレート商品を作って販売します。

ビーントゥバーチョコレートブランド：カカオ豆から主に板チョコレートを自社で作ります。単一産地のカカオ豆を使用することが多く、個性的な味や食感、クラフト感のあるパッケージが特徴です。

ヨーロッパの高級製菓用チョコレートメーカーは、長年にわたりカカオ産地と協業し、チョコレートの風味を常に研究しています。それによって世界的に有名な高級レストランのパティシエや有名ショコラティエが認める味と品質、安全性を確保しています。また、製菓用のみならず一般向けにチョコレートバーを製造・販売している場合もあります。

一方、ビーントゥバーメーカーは、チョコレートは基本的には自社向けですのでカカオ豆からチョコレートを作る自由度が高く、アメリカ発のムーブメントらしい手作り感、クラフト感があります。

これらとはまた別に、大手企業やヨーロッパの老舗店、ショコラティエの中には、アメリカのムーブメント以前からカカオ豆を仕入れてチョコレートを一貫製造しているメーカーが存在し、カカオからチョコレートを作る自社のスタイルを指して自ら「ビーントゥバー」と謳う例もあります。

ビーントゥバーはアンチテーゼから生まれた

ビーントゥバーチョコレートの原点は素材への回帰です。アメリカでは、時代とともに多くの砂糖や香料などを加えた「甘いお菓子」のようなチョコレートが主流になりました。ビーントゥバーはそのアンチテーゼから始まったムーブメントです。少しの砂糖だけしか加えず、カカオ豆を多く使うのは、原材料であるカカオ本来の風味を生かすためです。

ビーントゥバーという言葉をいつ、誰が使い始めたのかは定かではありませんが、世界のビーントゥバーの広がりに大きな影響を与えたのは、２００７年にニューヨークのブルックリンでオープンした「マストブラザーズ・チョコレート」です。このブランドは、兄弟二人がカカオ豆からチョコレートを作り、プロセスやカカオ豆の産地、製造工程に焦点を当てたストーリーを発信し、注目を集めました。

ちょうどこの時期、ブルックリンがクリエイティブな文化の発信地として注目されていたために、インテリアやファッションのテイストも合わせて、日本のビーントゥバーに影響を与えました。

ビーントゥバーは異業種からの参入が多い

ビーントゥバーのユニークさは、異業種からの参入が多いことにもあります。アメリカでビーントゥバーチョコレート店を開いた創業者の多くは、元エンジニアや教師、アパレル業界関係者や経営コンサルタントなど、食の分野とは全く無縁だった人たちです。この傾向は日本も同じで、カカオやチョコレートに興味を抱いたことから、起業に踏み切ったという異業種出身者がほとんどです。

経験がなくても参入しやすい理由は、材料が主にカカオ豆と砂糖と比較的シンプルであること、そして必要な機材と素材さえ揃えて手順を踏めば、チョコレートを作ること自体はできるからです。さらに小ロットならパッケージ作業を手作業で行え、小さなスペースがあれば店を構えられます。

ポリシーの合った友人や地域とつながりながらチョコレートを作るスタイルは、これまでヨーロッパ中心だった日本のチョコレートシーンに新しい風を吹き込みました。

日本にビーントゥバーチョコレートが伝わった

日本では、2010年以降に小規模な「ビーントゥバー」チョコレート店が生まれました。少しずつ店が増え、私も特集ページに関わらせていただいた2017年1月発売の「an・an」では、ビーントゥバーチョコレートの写真が表紙を飾りました。

従来の高級チョコレートとも、マスマーケットのチョコレートとも異なるスタイルが、ラグジュアリー感よりも「こだわりのあるカジュアル」を好む人々の心を捉えました。Tシャツやスニーカー、クラフト感のあるアイテムを好む人々に支持され、店のスタッフもカジュアルなファッションに身を包んでいます。

背景にはカカオ豆入手が楽になったことが

日本にビーントゥバーチョコレートブランドが定着した背景には、カカオ豆を小ロットで手に入れられるようになったことが影響しています。従来、カカオ豆の購入は企業向けにトン単位で行われていましたが、2003年に立花商店がカカオ豆の輸入を開始し、小規模なブランドに小ロットで販売できる仕組みを整えました。また、チョコレート作りに必要な機器類の輸入代行も手がけたことから、小さなブランドが参入しやすくなりました。

一方でチョコレートブランドがダイレクトにカカオ生産者と取引し、カカオを調達するケースもあります。今は、ネットやSNSを活用して世界中の人々と迅速にやりとりができるので、日本のブランドが直接カカオ農家とコンタクトを取りやすい時代なのです。テクノロジーが、日本とカカオ生産国の距離を近づけました。

ビーントゥバーの醍醐味はカカオの風味

ビーントゥバーチョコレートの醍醐味は、カカオ豆の風味です。多くの場合、単一産地のカカオが使われるため、産地別カカオの異なる風味を感じられます。パッケージには使用したカカオの情報、例えば「ベネズエラ産カカオ70%」や「ペルー産カカオ80%」といったように、産地とカカオ含有量が記されます。時には、地域名やカカオ農園の名前も記載されています。

2　日本のビーントゥバーチョコレート

日本のビーントゥバーの歴史は、2010年頃に始まりました。このムーブメントに関心を持ったのは、パティシエやショコラティエよりも、異業種やコーヒー業界の人々でした。2013年には横浜で「東京チョコレートサロン〜Bean to Bar Experience」というイベントがあり、ビーントゥバーチョコレートの販売や、製造プロセスが紹介されました。

2014年頃からは個性的なビーントゥバーチョコレートの店が日本各地に誕生し、現在は日本には100を超えるビーントゥバーチョコレート店があります。ここでは数あるブランドの中から、かつて私が取材した3つの個性際立つ人気ブランドを紹介します。いずれも2014年にオープンした店です。

■ Minimal - Bean to Bar Chocolate -（ミニマル）（東京都渋谷区）

「ミニマルビーントゥバーチョコレート」は、東京・渋谷区にオープンしたブランドです。都内でバリスタ・ソムリエとして活躍していた朝日将人さんと、経営コンサルタントだった山下貴嗣さんがタッグを組んで立ち上げました。

ミニマル、というブランド名が示すように「引き算の哲学から生まれた新しいチョコレート」です。粒子をあえて細かくせず、食感を残した板チョコレートからはカカオの豊かな風味が感じられ、創業以来多くのファンに支持されています。また、カカオの風味を生かしたお菓子やパフェを提供、ドリンクとのペアリングも提案するなど、年々進化を遂げながら、新たなビーントゥバーの楽しみ方を伝えています。

■ウシオチョコラトル（広島県尾道市）

広島県尾道市の向島にある「ウシオチョコラトル」は、小さな島の南端、山の中腹にあります。決してアクセスが良い場所ではないのですが、店を目指して遠方から多くのファンが訪れます。

代表の中村真也さんは、バリスタの経験を持ち、ミュージシャンとしての一面も持っています。その独創的なセンスが包装紙や、店のインテリアなどの随所に表れています。農家のみなさんと密接に関わり、すべての素材に向き合いながら、思いと意味を込めた風味の良いチョコレートを生み出します。六角形のチョコレートがブランドのアイコン。カフェからは美しい瀬戸内海の景色を一望できます。

■タイムレスチョコレート（沖縄県中頭郡北谷町）

「タイムレスチョコレート」は、沖縄初のビーントゥバーチョコレートブランドです。創業者の林正幸さんは、訪れた沖縄で、島ごとに風味が異なる黒糖に感銘を受け、その魅力を伝えるためにブランドを立ち上げました。

チョコレートに使用する甘味料はすべて沖縄産のサトウキビ由来です。バリスタの資格を持つ林さんは、カカオの産地別の風味の個性と島ごとに違う沖縄の黒糖を調和させ、チョコレートから沖縄の伝統を伝えています。

お店は北谷町の宮城海岸近くにあり、店内のカウンターではチョコレートドリンクやチョコレートのソフトクリームを味わえます。地元の人々や国内外からの観光客で賑わっています。

日本のビーントゥバーのお菓子

アメリカから伝わったビーントゥバーブランドの主役は、その名のとおりバー、つまり板チョコレートです。しかし日本では欧米ほど板チョコレートの消費はありません。

そのため、日本のビーントゥバーブランドはカカオからチョコレートを作り板チョコレートにするだけでなく、チョコレートを使ってさまざまなお菓子やデザートを生み出すようになりました。日本人の嗜好やライフスタイルに合わせたビーントゥバーのお菓子はカカオの香りが豊かで、工夫がこらされています。ここでは私が取材の他プライベートでも訪れる、２０１５年と２０１６年に創業したブランドと商品をいくつか紹介します。

グリーンビーントゥバーチョコレート
「エクレア」

■グリーンビーントゥバーチョコレート（東京・中目黒）

「グリーンビーントゥバーチョコレート」は、２０１５年に東京・中目黒の目黒川沿いにオープンしました。カフェを併設し、ガラス越しにアトリエでカカオ豆がチョコレートになる過程を見られます。本格的なビーントゥバーとともに、チョコレートのケーキやお菓子もあります。「エクレア」は自家製チョコレートがエクレア生地とクリームに使われ、薄いビーントゥバーの板チョコが入っています。「シュークリーム」は、チョコレートガナッシュ入りで、マスカルポーネクリームとラズベリーソースをトッピング。チョコレートをのせた「マフィン」も人気です。

■クラフトチョコレートワークス（東京・世田谷）

２０１５年に東京・世田谷区三宿にオープンした「クラフトチョコレートワークス」は、封筒のようなデザインのおしゃれなパッケージのビーントゥバーに多くのファンがついています。個性がありながら優しい味わいで、誰もが楽しめるチョコレートを提供しています。

クラフトチョコレートワークス
「ソフトクリーム」

「ソフトクリーム」が人気で、子どもたちにも好評です。自家製チョコレートの風味をひんやり美味しく楽しめます。「mini Bar assort」（ミニバーアソート）は、ミニサイズのビーントゥバーチョコレート12種類のセットです。少しずついろいろ食べたい日本人にぴったりで、贈答品にふさわしい箱入りです。

■ダンデライオン・チョコレート（東京・蔵前）

「ダンデライオン・チョコレート」は、２０１０年に

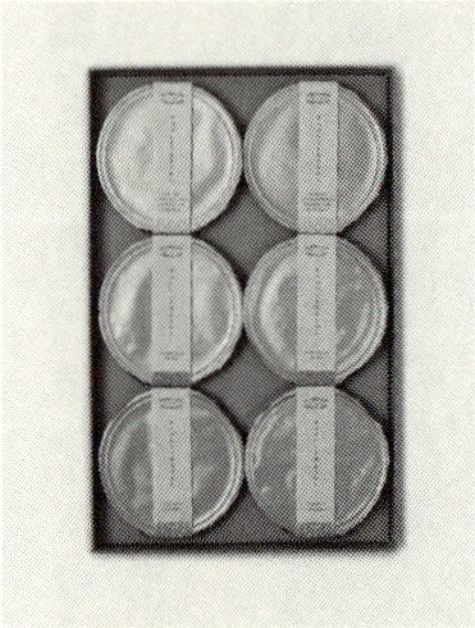

ダンデライオン・チョコレート
「チョコレート水ようかん」

サンフランシスコで誕生したビーントゥバーチョコレート専門店です。日本には2016年、東京・蔵前にカフェを併設したファクトリーがオープンしました。サンフランシスコの本店にはない、日本独自のお菓子がありま す。

「チョコレート水ようかん」は、単一産地のカカオの香りが広がる優しい甘さの水羊羹です。箱入りで個包装され、夏でも溶ける心配のない贈答品になります。「ほうじ茶ホットチョコレートミックス」は、カカオ豆と伊勢茶のほうじ粉、きび糖を使った瓶入りパウダーです。日本の素材と個性的なカカオが出会い、新しさと親しみやすさがあります。

■サタデーズチョコレート（北海道・札幌）

「サタデーズチョコレート」は、2015年に北海道札幌市にオープンしました。北海道発のビーントゥバーブランドとして地産地消に力を入れているので、地元の素材を使ったチョコレートやメニューがあります。

「チョコバナナ・サンデー」は、パフェ風のチョコレートソフトクリームにバナナやチョコレートをトッピングした人気メニュー、「チョコレート・ミルク・クラシック」は、地元・北海道産ミルクを使ったチョコレートドリンクです。北海道産ミルクと自家製チョコレートを組み合わせた商品は、地元の方にも札幌を訪れる観光客にも好評です。

サタデーズチョコレート
「チョコバナナ・サンデー」

日本のビーントゥバーが、パフェやアフタヌーンティー、羊羹、アイス、カヌレ、ブッセなど、日本人に馴染みのあるスイーツと次々と結びつく柔軟さには、毎年「次はどんな新しいものが登場するのだろう?」とワクワクさせられます。

また、ビーントゥバーブランドがお菓子作りを始める一方で、パティスリーがビーントゥバーに取り組む例も見られます。京都のパティスリー「RAU（ラウ）」では、創業時から一部のチョコレートをカカオ豆から自社で作り、お菓子に使用しています。

とはいえやはり、ビーントゥバーの基本は板チョコレートで、主力商品は板チョコレートです。ブランドによっては板チョコレートやドリンク以外をほとんど作らないブランドもあります。それぞれの店がスタイルを持ち、多様性に富んでいる点も、日本のビーントゥバーの魅力のひとつです。

ビーントゥバーの課題とこれから

振り返れば15年近くビーントゥバーのムーブメントを見守ってきた私ですが、日本に上陸した当初は、多くの課題がありました。「カジュアルな板チョコレートなのに小さくて値段が高い」「酸味や苦味が強くて食べにくい」といった声が特に初期の頃に多く、なかなか一般消費者に受け入れられませんでした。しかし、日本のブランドは果敢にチャレンジを続け、年々商品のラインナップや味を改善し続けてきました。

２０００年代初頭に米国で始まったビーントゥバーが、日本の文化と調和しながら進化していく様子は、非常に日本らしい動きだと思います。

ビーントゥバーはチョコレートがシンプルなだけに、パッケージに力を入れます。和紙や和柄の包み紙入りのビーントゥバーは、外国人観光客にも人気があります。先日も、あるビーントゥバー店で、贈答品用の箱にセットされて、熨斗《のし》紙がつけられたビーントゥバーチョコレートを見かけました。日本ならではの光景です。なかなかスタイリッシュでした。

3　カカオの健康効果への注目

日本人のカカオの健康効果への注目

「カカオ分の高いチョコレートが体に良い」ということを、耳にしたことがある方が多いのではないでしょうか。日本でチョコレートは長い間、甘くて美味しいお菓子として親しまれてきましたが、近年は、チョコレートの健康効果が広く知られるようになりました。日本で、健康のために日常生活にチョコレートを取り入れる人が増えています。

注目されているのは、カカオ分70％以上の「ハイカカオチョコレート」「高カカオチョコレート」と呼ばれるタイプです。カカオ含有量が多いチョコレートの人気は２０１５年から徐々に高まり、今や年間約２８０億円もの市場規模に成長しました。日本人の健康志向の高まりが表れていますが、データを検証するまでもなく動向はコンビニエンスストアやスーパーマーケットの棚を眺めれば一目瞭然です。チョコレート売り場を眺めてみてください。かつてはミルクチョコレートが主流だった売り場に、カカオ分70％以上のダークチョコレートが必ず、といっていいほど並んでいるのがわかるはずです。

健康志向の高まりとカカオブームの背景

高カカオチョコレート人気の発端となったのは、2014年に行われた明治、蒲郡市《がまごおり》、愛知学院大学による共同研究です。この研究では、カカオ含有量72％のチョコレートを継続的に摂取することで得られる多くの健康効果が示され、その研究結果がメディアで広く報じられました。このことからカカオ分の高いチョコレートの人気が急速に高まったのです。

特に注目を集めたのは明治の「チョコレート効果　カカオ72％」でした。2015年には「チョコレート効果」が大ヒットして人気が急上昇、2024年には高カカオチョコレート市場全体の約65％を占めるまでに成長しています（インテージSRI＋Ⓡ／高カカオチョコレート市場／2023年4月～2024年3月／累計ブランド別販売金額）。健康を意識してチョコレートを食べるという新しいスタイルは日本に広がり、2010年に約20億円だった高カカオチョコレート市場は、2024年には約280億円にまで成長しました。14年間で14倍に急成長しているとは驚くべき現象です。これまで存在しなかった市場が生まれ、拡大を続けています。

カカオの持つ健康効果

高カカオチョコレートの健康効果は、日本のみならず世界中で知られています。チョコレートに含まれるカカオが私たちの健康に多くのメリットをもたらすという研究結果が、世界中で発表されているからです。

注目されているのは、カカオに含まれるポリフェノールです。ポリフェノールには抗酸化作用があり、さまざまな病気の原因となる活性酸素と戦ってくれます。これによって老化を防ぎ、さまざまな疾患のリスクを減らすことが期待されます。また、ポリフェノールは血管を健全にすることから、血圧を下げる効果も確認され、高血圧の予防や改善、心血管疾患のリスク低減にも寄与するとされています。

カカオに含まれる食物繊維は腸内環境を整えますので、便秘の改善も期待できます。また、カカオに含まれるテオブロミンというアルカロイドは、私たちの気持ちをリラックスさせ、緊張をほぐしてくれる作用があるとされています。

ハイカカオチョコは罪悪感のないおやつに

ほかにも多くの研究が行われ、カカオの健康効果が明らかになっています。カカオの健康効果が広く知られるにつれ、日本では美容と健康を意識する人や、仕事や勉強の前にコンデイションを整えたいと考える人たちが、カカオ分の高いチョコレートに注目するようになりました。

ほとんどの製品パッケージにはポリフェノールの含有量が記載されているため、カカオ分だけでなくポリフェノールの含有量を確認する消費者が増えています。かつては「食べすぎると太る」「美容に良くない」とまで言われていたチョコレートが、今ではサプリメントのように扱われるようになりました。

高カカオチョコレートの人気は、日本の豊かな食生活が背景にあります。時代とともに飽食の国とされるようになった日本では「せっかくなら体に良いおやつを食べたい」「ギルティフリーな（罪悪感のない）チョコレートがほしい」という消費者のニーズが生まれました。国内のメーカーやスーパーマーケットのプライベートブランドからも、カカオ含有量の高いチョコレートが続々と登場しています。

チョコレートは万能薬ではない

高カカオチョコレートが人気を集める中で、消費者が気をつけるべき点もあります。「チョコレートが健康に良い」という情報をよく見かけますが、具体的な説明が不足していたり、誤解を招く表現も見られます。特に意識したいのは、適量であれば健康維持に役立つことがあるものの、チョコレートがすべての人にとって万能な健康食品ではないということです。

適量のカカオ分の高いチョコレートを摂取すれば、健康効果は期待できます。しかし、一般のチョコレートには砂糖や油脂が含まれているので、過剰に摂取すると体重増加の原因となります。高カカオチョコレートであっても、糖分は少ないものの油脂分はあり、一般のチョコレートと比べてカロリーが高いものがあることも覚えておきましょう。チョコレートから得られる健康効果は、人それぞれの体質や食生活全体のバランスによって異なります。ある人には有益でも、別の人には望ましくない結果をもたらすかもしれません。

チョコレートはあくまでも美味しく健康をサポートするものとして楽しんで、運動やバランスの良い食生活を心がけることが大切です。

日本人と苦い味のチョコレート

高カカオ市場は急成長し、日本人にとって「苦いチョコレート」が身近になりました。

健康効果を求める人が増えたことが大きな理由ではありますが、味わい続ける人が多いのは、日本のチョコレートメーカーが努力し、高カカオチョコレートをより日本人に食べやすい味に改良してきた結果であると私は実感しています。10年前には苦味や渋みが際立っていたチョコレートが、今では「かなり美味しくなった」と感じることがあります。メーカーは、日本の消費者の嗜好に合わせ、常に美味しさを追求しているのです。

しかしそうはいっても、私はテレビなどのメディアに出演して、タレントさんとお話しするとよく思います。高カカオがトレンドとはいえ「苦いチョコは苦手」「やっぱり甘くて美味しいミルクチョコレートが好き」という方が、まだまだ多いです。それもそのはず、私たち日本人は長年、甘くて美味しいチョコレートに慣れ親しんできた国民だからです。

カカオ分の高いチョコレートはかつて日本では好まれず、コロンバンの担当者によれば、コロンバンはいち早く１９９０年代にヴァローナ社の「グアナラ」（カカオ分70％）の板チョコレートを店頭販売しましたが、当時はカカオの苦みが影響したせいかあまり売れませんでした。明治の「チョコレート効果」をかつて取材した際に知ったのは、１９９８年の発売当初から17年間は不遇の時代が続き、終売が危ぶまれていたことです。大阪工場では、「こんなに苦いの売れへんで」と囁く声すら聞こえたそうです。

「チョコレートは甘くて美味しいものがいい」という方は、その喜びを大切にしていただきたいと思います。私もそういうチョコレートを大切に味わっています。昔から好きなチョコレートの味は、誰にとってもかけがえのないものでしょう。自分好みのチョコレートを味わうひとときは心の健康に良く、心を癒し、元気を取り戻す助けにもなります。チョコレートには、単に栄養成分だけの問題でなく、私たちの気持ちを前向きにしてくれる力があると思うのです。

日本にはココアブームもあった

カカオの健康効果といえば、1995年に起こった「ココアブーム」を覚えている方がいらっしゃるかもしれません。同年12月、日本テレビの「午後は○○おもいッきりテレビ」でココアの健康効果が紹介され、瞬く間に全国的なブームとなりました。放送当日から、全国のスーパーマーケットや店舗でココアが売り切れ、翌年まで品薄状態が続いていました。

実はこのブームには前段階があります。同じ年の9月に開催された「第1回チョコレート・ココア国際栄養シンポジウム」で、名古屋大学の大澤俊彦教授が「チョコレート・ココアに含まれるポリフェノール類の抗酸化作用について」の講演を行いました。この内容が新聞で報じられたことから日本全体がカカオやココアの健康効果に注目し始め、テレビの人気番組でも取り上げられたことから「どの店に行ってもココアが見つからない」という事態が巻き起こったのです。

実は、このココアブームが、明治の「健康コンセプトのチョコレート」開発のきっかけになりました。ココアブームは、消費者にカカオの魅力を再認識させ、健康志向の商品開発にも大きな影響を与えたのです。

4　日本のチョコレートとＳＤＧｓ

日本のチョコレート業界は、持続可能なカカオやチョコレートの未来に向けた取り組みを進めています。

カカオハスクの再利用

カカオ豆からチョコレートを作る工程では、「カカオハスク」と呼ばれる、カカオ豆を包む外皮が取り除かれます。この薄い殻のような部分は、基本不要なもので、これまでは一部が飼料などに使われていたものの、あまり有効に利用されているとはいえませんでした。そんな「カカオハスク」のアップサイクルに、いま各社が取り組んでいます。

２０２４年に創業１００周年を迎えた日本の製菓用チョコレートメーカー、大東カカオはその先駆けです。自社工場から出るカカオハスクのアップサイクルをいち早く考え、２０１２年に製紙メーカーのクラウン・パッケージと共同で「カカオミックス®」という紙を開発しました。カカオハスクを原料に配合した薄いチョコレート色の紙です。この紙は積極的に利用され、大東カカオの社員は全員、この紙を使った名刺を使っています。また、会社で使う紙袋、チョコレートのパッケージなどにも有効活用されています。

明治もカカオハスクのアップサイクルに力を入れています。第4章で宇都宮洋之さんが説明しているように、2024年にはカカオハスクを使用した、海や土に分解される「カカオハスク活用生分解性プラスチック」を開発しました。普通のプラスチックのようにあらゆる形に加工でき、シート状にすれば名刺にも活用できます。また、2023年にはカカオハスクを使った高品質な漆器やコースター、カカオハスクを入れ込んだ糸で作られたジャケットなどを開発しました。

ロッテは2022年に「小学生カカオハスクアイデアコンテスト2022」を開催し、全国の子どもたちにチョコレート作りの工程や、カカオハスクに目を向けるきっかけを提供しました。さらに、ロッテはカカオハスクから染料を抽出して染めたネクタイや、カカオハスクをお酒に漬け込んだ、カカオが香るジンなどを開発しています。

こうした新たなビジネスモデルが軌道に乗れば、カカオに新たな価値が生まれることにつながります。

チョコレートは溶かせば作り直せる

チョコレート作りには多くの作業工程があり、各工程でスタッフがそれぞれの得意分野を生かして働くことが可能です。また、チョコレートは失敗しても溶かしてやり直すことができるため、挑戦しやすい環境が整ってもいます。

そんなチョコレート作りの現場で、障がいをもつ方々が自分らしく、いきいきと仕事をして、美味しいチョコレートを生み出す人気店があります。ここでは、私が現地で取材を行った2つのブランドを紹介します。

久遠チョコレート（全国各地）

久遠チョコレートは、2014年に誕生した人気チョコレートブランドです。本店は愛知県豊橋市にあり、現在は全国に40店舗、製造拠点は60カ所を超えています。従業員数は776名で、そのうち443名が障がい者の方々です（2024年7月現在）。シェフショコラティエ野口和男さん監修のレシピによる「QUONテリーヌ」「クオンシェ」などが代表商品。およそ500種類のおしゃれで美味しいチョコレートを求めて、多くの人が訪れています。

創業者の夏目浩次さんは、障がい者などさまざまな人が働ける場を作ろうと、新たなビジネスモデルとして「久遠チョコレート」を立ち上げました。多様な雇用を目指す企業や福祉団体などがフランチャイズで参加し、従業員はそれぞれの得意分野を生かしてチョコレート作りから接客までを行っています。

取り組みは高く評価され、２０１８年に第2回「ジャパンＳＤＧｓアワード 内閣官房長官賞」を受賞しています。２０２３年には、このブランドのドキュメンタリー映画「チョコレートな人々」が公開されました。

kiitos（鹿児島県鹿屋市）

鹿児島県鹿屋市にある「キートス」は、美味しくて可愛いデザインのビーントゥバーチョコレートが評判の店です。店のアイコンは、鹿児島にちなんだ桜島をモチーフにした板チョコレートで、産地別カカオのチョコレートのほか、焼き菓子やドリンクも人気です。この店でカカオ豆からのチョコレート作りを担っているのは、地元の福祉施設に通う障がい者のみなさん、20名です。

創業者の大山真司さんは、誰もが輝ける仕事場を作ろうと、２０１７年にこのブランドを立ち上げました。チョコレート作りから販売までの全工程をスタッフが行っています。絵を描くのが得意な人はパッケージにイラストを描いたり、細かい作業が得意な人はカカオハスクの除去を担当するなど、取材時には、スタッフのみなさんが一つひとつの作業を丁寧に行

ガーナのカカオ産地にて

い、いきいきと取り組んでいる姿が印象的でした。スタッフの技術は年々向上し、品質が高まっています。

チョコレートにまつわる問題は大きい

第4章でお伝えしたように、カカオ産地には、環境問題、貧困や児童労働など多くの問題があります。

2015年に国連で「持続可能な開発目標（SDGs）」が採択されてから、カカオ産地をめぐる問題は世界的に注目され、今では、SDGsの達成に向けた活動を全く行っていない大手チョコレート企業はほとんど存在しないと言ってよいでしょう。企業の取り組みは、各社の公式サイトなどで公表され、誰でも簡単にアクセスできますので、ぜひご覧ください。

ここで私がみなさんにお伝えしたいのは、カカオにまつわる問題の大きさです。取り組みを始めた、というのは第一歩にすぎません。長い年月をかけて構築された世界のチョコレート・カカオ産業の複雑な構造はすぐに変わるものではありません。問題解決は非常に困難なことです。

カカオ生産地の労働条件、環境破壊など、問題は山積しており、透明性の確保のさらなる必要性が求められています。全貌を見渡すこと自体が困難で、私は向き合うほどに動かない巨大な山が立ちはだかっているかのように感じることがあります。

私たち消費者にとって大切なのは、ＳＤＧｓの名のもとに行われる企業やブランドの活動を評価する際に、表面的なイメージに惑わされないことです。

活動内容をなるべくよく見極めることが重要です。「良いことをしているっぽい」「エシカルでサステナブル」というようなオシャレなイメージを感じて終わることなく、その背後にある具体的な活動の規模、成果、進捗を知ろうとすることが重要ではないでしょうか。ＳＤＧｓウォッシュ（ＳＤＧｓに取り組んでいるように見せかけて実態が伴わないビジネス活動）が世界的に問題視されています。カカオ産地の貧困や児童労働は、イメージではなく、現実として深刻な問題なのです。

ガーナのカカオ農家の仕組み

ガーナを現地取材して、ようやく実感としてわかったことがあります。それは、一口に「農家さん」といっても、全く違うタイプがあるということです。ガーナのカカオ農家は、大きく分けて2つのタイプがあります。それは、「土地を持っている農家」と「土地を持たない農家」です。

さらに、土地を持たない農家にも2つのタイプが存在し、それぞれ異なる条件で働いています。利益配分や契約条件が異なるため、その生活環境や収入にも大きな差が生じます。ちょっとややこしいかもしれませんが、以下にまとめてみます。

土地を持っている農家＝地主

土地を所有する地主。カカオを育てる農家に農地を貸しています。自身は都市部で暮らしていることが少なくありません。

土地を持っていない農家　タイプ1　シェアクロッパー

地主と契約を結び、地主が所有する土地を開墾して、カカオを育てます。収穫したカカオ豆の利益の半分を地主に支払います。カカオが実を結ぶまで3〜5年間は収入がありませんが、カカオの収穫が可能になれば利益が出ます。地主に農地の管理方法などが高く評価されると、契約完了後に畑の半分を譲り受けることもあります。

土地を持っていない農家　タイプ2　ケアテイカー

地主が所有する土地を借りてカカオを育て、収穫したカカオ豆の利益の3分の2を地主に支払います。また契約は通常2〜3年で、土地の所有者にはなれません。多くは仕事のない、ガーナの北部や周辺国から移住してきた人々です。最も生活が不安定です。

ACEの調べでは、ACEが関わる2つの村では、コミュニティ内のほとんどの農家はケアテイカー、地主は約3割、シェアクロッパーはわずかです。デイワーカーとして、日雇いで作業を行う人もいます。

ここまで読んでみていかがでしょうか。一口に「農家」といっても一番弱い立場にあるのがケアテイカーです。利益配分や契約は多少異なるようですが、家族経営の小さな農家の多くが十分な収入を得られないのは、こうした国の伝統的な仕組みも影響しています。

地主は、契約した農家に土地の使用料を請求せず、収穫量に応じた支払いを求めるので、土地を持たない人のためになる仕組みではあります。しかし、生産国外から移住してきたケアテイカーは、カカオ栽培に必要な技術や農業資材が不足し、十分な収穫量を得られないことが多いのです。そのため、これらの農家にダイレクトに届く技術トレーニングや農具の提供などの支援は重要です。また、井戸の建設や学校の設立、給食の提供は、農家の立場にかかわらずシェアクロッパーやケアテイカーやその子どもたちにも届くものになります。

私は、現地で気づかされました。現地の状況を深く理解することなしに「支援したつもり」「いいことをしたつもり」になって満足していては不十分であること。そして、支援を検討する際は「課題を抱えているのが誰なのか、どんなニーズがあるのか」をより考えるべきであること。ひとことで「農家」と言っても立場が異なる人たちがいることもよく理解したうえで、どんな支援が効果的なのかを、常に考えなくてはなりません。

サステイナブル・カカオ・プラットフォーム

日本では、JICA（国際協力機構）の協力のもと「開発途上国におけるサステイナブル

・カカオ・プラットフォーム」が2020年に設立されました。このプラットフォームでは、政府機関、企業、NGOが枠組みを超えて情報を共有し、カカオ産業が直面する課題の解決を目指しています。

メンバーには、森永製菓、明治ホールディングス、ロッテ、江崎グリコ、有楽製菓、不二製油、セブン&アイ・ホールディングスなどの企業が名を連ね、フェアトレード・ラベル・ジャパンや日本チョコレート・ココア協会などの団体も加わっています。2024年11月時点で、正会員は67、準会員は141名となっています。

プラットフォームでは、カカオ産地支援に関わる多くの情報が会員に共有されており、毎月「サステイナブル・カカオ・ニュース」というメールマガジン形式で、世界中のカカオ業界や産地支援に関する最新情報が届けられます。さらに、カカオ栽培が引き起こす森林破壊の現状や、農家へのトレーサビリティの確認方法、認証ラベルの基本知識などをテーマにした勉強会が不定期に開催され、カカオ産地の視察も行われています。また「児童労働分科会」が2021年に設立され、カカオ産地の児童労働に関する最新情報や農家の現状、会員による支援活動が共有、対外向けに発信されています。

大きな課題に立ち向かうためには、NGOや民間企業、政府機関といったセクターを超えた連携が、これからますます重要となるでしょう。

5　日本のチョコレートの今

世界大会にチャレンジする日本の職人

スポーツにワールドカップがあるように、パティシエやショコラティエの世界にもワールドカップがあります。日本のパティシエ、ショコラティエは世界大会に出場し、果敢にチャレンジを続けています。有名な大会についてまとめておきます。

■クープ・デュ・モンド・ドゥ・ラ・パティスリー

「クープ・デュ・モンド・ドゥ・ラ・パティスリー」は、1989年にM.O.F.（フランス国家最優秀職人章）の称号をもつガブリエル・パイアソン氏と、フランスの高級製菓用チョコレートメーカーのヴァローナ社によって設立された、パティスリー界で最も権威あるとされる世界大会です（クープ・デュ・モンドとはフランス語でワールドカップのこと）。

チョコレートは重要で、必ず競技の対象になります。この大会では世界各国から選抜された1カ国3名の代表チームが参加し、チームワークや協調性を重視しながら、技術力と創造性を競います。

日本チームの優勝は、これまでに3回あります。1991年（杉野英実さん、安藤明さん、林雅彦さん）、2007年（藤本智美さん、市川幸雄さん、長田和也さん）、2023年（鈴鹿成年さん、髙橋萌さん、柴田勇作さん）です。

■ワールドチョコレートマスターズ

「ワールドチョコレートマスターズ」はカカオバリーが主催する、ショコラティエ・パティシエの職人のためのコンテストです。第一回は2005年に開催されました。グループ単位ではなく個人の大会で、2015年大会まで、2年に一度の開催でしたが、2018年からは3年に一度開催されています。世界各国から選ばれた選手が腕を競います。

日本代表のこれまでの優勝者は、2007年に水野直己さん、2009年には平井茂雄さんです。2011年には植﨑義明さん、2015年には小野林範さんが準優勝しています。

これらのコンクールにはまず国内、あるいは地域ごとの予選が行われ、厳しい実技選考を通過した選手たちが代表として出場します。ワールドファイナルでは、世界のトップパティシエやショコラティエが審査員を務め、技術力や創造性が厳しく評価されます。日本の選手の評価は高く、常に優勝候補とされているという声が、両大会関係者から聞こえてきています。

「クープ・デュ・モンド・ドゥ・ラ・パティスリー」を取材したときに、私が頼もしく感じたのは、歴代の出場選手である先輩職人のみなさんが次世代の職人を指導し、応援していた姿です。著名な世界大会への出場、そして優勝は、職人たちが未来を開く大きなチャンスです。チャレンジを通じて職人たちは、さらなる成長を遂げています。

夏チョコの盛り上がり

夏は、チョコレートの売上が低迷する季節です。しかし、近年日本でも少しずつ「夏チョコを楽しむ」文化が芽生えています。

日本の夏は年々暑くなっていますが、ショコラティエやパティシエは、暑い時期にこそ美味しく味わえるチョコレートを作り出しています。例えば、冷凍庫で凍らせて楽しむチョコレートや、フローズンタイプのチョコレートドリンク、アイスクリーム、トロピカルフルーツやスパイス、ミントを使ったチョコレート、日本文化に根ざした水ようかんやかき氷など、夏だけの美味しさは見逃せません。

そんな「夏チョコ」を盛り上げているのが、7月7日の「ワールドチョコレートデー」です。この日の由来には諸説ありますが、世界各国でチョコレートが楽しまれ、インスタグラムで「#worldchocolateday」を検索すると2024年11月現在で23万以上の投稿が見つかるほどの人気です。

この日のことは、日本でほとんど知られていなかったのですが、海外のチョコレート関係者を通じて存在を知った私は、2020年にメディアでこのムーブメントを紹介しました。それをきっかけに、この日は夏チョコと結びつき「ワールドチョコレートデー」の認知も年々広がっています。

7月に入ると、多くの日本のチョコレートブランドが「ワールドチョコレートデー」限定のセットやプレゼント企画、セールや夏の限定商品を展開し、SNSでは世界中のチョコレートに関わる楽しい投稿が見られます。

私自身は、実は昔から夏が一番好きなチョコレートのシーズンです。チョコレート店に日常の時間が流れ、チョコレート愛好家として、落ち着いてチョコレートに向き合えるからです。特にチョコレートを仕事にするようになってからは、秋と冬は非常に忙しいので、ひんやり冷房の効いたサロンでゆっくりチョコレートを味わえる夏は、大切なシーズンです。

日本のノスタルジーとチョコレート

海外の新しい商品が続々と届くようになった、その反動もあるのでしょうか。日本で昭和の時代から愛されているお菓子、ソフトクリーム、パフェ、プリン、缶入りクッキーなどが再び人気を集めています。それらがチョコレートとも結びつき、若い世代にも好評です。

デジタル化とグローバル化が進む中で、アナログの時代から親しまれてきた「ほっとする」お菓子が注目されているのは興味深い現象です。最近新しくオープンしたお店ですら、ステンレスのプリン皿に盛られたぷるんとした固めのプリンなどがメニューに並んでいます。新しさと懐かしさが融合したその独特の魅力は、SNSでも「かわいい」として受け入れられています。

中でもチョコレートパフェは王道の人気を誇ります。日本人は「チョコパフェ」という響きだけで心を躍らせてしまうようなところがあるのです。昔ながらの喫茶店や洋菓子店で提供されるクラシックなタイプから、10種類以上のパーツを組み合わせた新しいタイプまで、どちらも揺るぎない人気があります。

また、日本人はソフトクリームが大好きです。口どけの良さはチョコレートとの相性が良く、スペインやフランス、ベルギーの高級チョコレート店も、日本展開の際にはチョコレートソフトクリームをメニューに加えるほどです。

クッキーをぎっしり詰めた美しい缶は、昭和時代の贈り物文化を象徴しています。チョコレートクッキーのバリエーションを少しずつ味わえる缶が、チョコレート店でも人気を集めています。

昔ながらのものが愛されるのは、ノスタルジックな要素がストレスフルな現代社会に安らぎをもたらすからなのかもしれません。ＳＮＳやインターネットを通じてトレンドが瞬時に日本に届く今、海外のものは昔ほどめずらしくなくなりました。そんな時代だからこそ、昭和の風情を残す日本特有のものが、逆に心に訴えかけるのでしょう。

国産素材とつながるチョコレート

近年、日本のショコラティエやパティシエが国内素材に注目しています。日本国内の果物やナッツの生産者との交流を深め、素材を選ぶ際にそのルーツをしっかりと知り、チョコレートに活用するようになりました。

例えば、ミニマルビーントゥバーチョコレートが２０２４年に販売したガトーショコラは「香川県のいちご農家「いちご家めい」が栽培した「女峰」を使用している」ことを明確に消費者に伝えています。単純に「いちごのガトーショコラ」ではないわけです。

このように、今、チョコレートブランドが使う素材について、生産者名や農園名まで明記することはめずらしくありません。また、ショコラティエ自身の故郷の特産品や、店舗周辺の名産品を使ったチョコレートもよく見かけるようになりました。

この変化の背景には、コロナ禍による海外渡航の制約があると思います。おのずと国内に目を向けるようになったと同時に、国内の生産者とのつながりを深める必要性も生まれたのではないでしょうか。

例えば、フランスを拠点に活動していた「パティスリー・サダハル・アオキ・パリ」のシェフ、青木定治さんは、コロナ禍に軽井沢を訪れ、長野県のフルーツの魅力を再発見。2020年秋には軽井沢に店舗を開設し、地元生産者との交流を深めながら、地域のフルーツを使った商品を次々と展開しています。

ショコラティエは、生産者とのつながりから新たな創作のインスピレーションを得ています。新たな出会いは生産者の刺激にもなり、良好な循環が生まれています。ショコラティエによって生産者にスポットライトが当たれば、生産者の可能性が広がるでしょう。

この流れは、地産地消の実現にもつながるとともに、日本のチョコレート文化のさらなる深化を示唆しています。国産素材を生かしたチョコレート作りは、消費者に新しい体験を提供しつつ、日本の魅力を再認識する機会にもなるでしょう。

カカオの価格高騰とチョコレート

２０２４年に入って、カカオの歴史において記録的な価格高騰があり、多くのメディアがこのニュースを取り上げました。２０２３年秋からカカオの国際価格は急上昇し、２０２４年3月末にはニューヨーク市場でカカオ豆の先物価格が１トンあたり１万ドルを突破、過去最高値を更新したのです。２０２４年11月現在は８０００ドル台で推移していますが、これは、過去50年近く続いた価格の、約２倍から3倍に相当します。

カカオの価格高騰の一因は、カカオの主要生産国である西アフリカのコートジボワールとガーナでの不作や、これらの国の財政状況の悪化です。

チョコレートからは想像しづらいかもしれませんが、チョコレートの原材料であるカカオは、熱帯地方で育つトロピカルフルーツです。これからも安定的に収穫されることを望みたいものですが、気候変動による天候不順やカカオ農家の後継者問題など、産地には依然として多くの課題があります。カカオの価格高騰に対するメーカー対応とともに、私たち消費者もチョコレートの価格を見直す必要がある局面に来ています。

日本においてチョコレートは、お店に当たり前に並ぶ美味しいおやつでした。しかしこれからは日本から遠く離れたカカオの生産国の状況を、より理解することが求められる時代になっていくでしょう。

多様性とこれからの日本のチョコレート

２０００年代初頭、日本でヨーロッパのショコラティエが牽引する高級チョコレートブームが始まりました。その約10年後には、アメリカ発のビーントゥバーが日本のチョコレート文化に新たな影響を与えました。

現在の日本では、チョコレートの楽しみ方がますます多様化しています。特別な日には高級チョコレートを楽しみ、日常的には手軽に手に入るコンビニチョコを選ぶ。さらに「ちょっと贅沢な気分」を味わいたいときには、コンビニでゴディバとのコラボレーション商品やアイスクリーム、ロッテの「プレミアムガーナ」シリーズ、明治の「明治　ザ・カカオ」など、手軽さと特別感を兼ね備えたチョコレートにアクセスすることができます。消費者は日常と特別なひとときを自由に行き来しながら、豊かなチョコレート体験を楽しんでいます。

また、デジタル化とグローバル化が進む中で、世界中の情報やトレンドに触れる機会が増え、日本のチョコレートの選択肢がより広がりました。健康志向の高まりに伴い、ハイカカオチョコレートや糖質オフ、シュガーレス、ヴィーガン対応のチョコレート、さらには睡眠の質を向上させる成分が含まれたチョコレートなど、さまざまなチョコレートが登場しています。スマートフォンが普及し、特に２０１４年にインスタグラムが登場してからは、見た目にこだわったチョコレートが増え、消費者はSNS上でその魅力をシェアし、情報交換を楽しむようになりました。

日本のチョコレート文化は、ヨーロッパの高級チョコレートやアメリカ発のビーントゥバーの影響を受けながら、時代のトレンドや新たな要素を巧みに取り入れ、まさに百花繚乱の時代を迎えています。チョコレートは、もはや単なるお菓子ではなく、時には宝石のような価値を持ち、ワインやコーヒーのようにカカオを味わう嗜好品として、さらには大切な人への愛を伝えるメッセンジャーとして、人々の心を豊かにしてくれる存在へと進化しています。

日本のチョコレートシーンは今後、どう変わっていくのでしょうか。大手メーカーの技術革新は続き、手に取りやすい価格でより魅力あるチョコレートを作ってくれることでしょう。チョコレート職人たちも新たな技法や創造性を、これまで以上に追求し続けるはずです。バレンタインを彩るチョコレートは、ますます多様で洗練されたものになるのでしょう。

同時に、カカオ産地の持続可能性や健康志向といった社会的なテーマが、これまで以上に重要視されることは間違いありません。消費者の関心がこうした傾向を後押しし、チョコレートを取り巻く環境全体に影響を与えていくのではないでしょうか。

これまでのチョコレートの歴史を振り返り、そして多くの変化と進化を目の当たりにしてきました。日本ならではの豊かなチョコレート文化が、これからどのように進化していくのか。今、この時代を見届けることができる幸運を感じながら、これからもその進化に立ち会い、チョコレートの未来をあたたかく見守っていきたいと思っています。

あとがき

この本を書き終えたら、ふと、南青山にあったデニーズを思い出しました。早川書房のみなさんと初めてお会いしたのがここで、広々としたテーブルに企画書をひろげ、それを拝読しながら、いろいろなお話をしました。今日はありがとうございました、とお店を出て、とんとん、階段を降りるときに「日本のチョコレートを書き残そう」と、私は晴れやかな気持ちになっていました。

チョコレートジャーナリストの市川歩美さん、とメディアで紹介されるたびに、どうしたらなれるのか、そういう資格があるのですか、などと尋ねられますが、これは誰かに認定される類のものではありません。私の活動がまずあって、この前例のない仕事をなるべくわかりやすくみなさんに伝えるためにと、私がつけた肩書きです。

ジャーナリスト、と名乗っていますが、チョコレートに関してはどちらかというと、番組のディレクターのような感覚でいるようなところがあります。私は、読むのと書くのが昔から好きですが、放送局勤務が長いです。映画や音楽など、多くの番組を作りましたが、ここまで長く同じテーマに関わったことはない、といいますか、チョコレートの番組ならいつまででも担当していられるような気がします。

……などというような話を、あの日にしたような記憶が、あります。

長くこの仕事をしてきたから実感していることがあります。日本のチョコレート文化は、多くの人の情熱と人生によって作られています。この本を書くにあたり、私にご協力くださった多くのチョコレート関係者のみなさまに深くお礼を申し上げたいです。私の仕事をご理解くださり、いつも惜しみなく経験や知識、思いをシェアしてくださって、ありがとうございます。

思い出せば蘇る、多くの方の思いやりや笑顔が支えとなっていました。本当は本書にもっと多くのチョコレートのこと、みなさんのことを盛り込みたかったのですが、紙幅の都合上、ぜひそれは次の機会とさせてください。

そして、本書に関わってくださった早川書房のみなさま。一ノ瀬翔太さん、山本純也さん、そして加藤千絵さんに心から感謝申し上げます。思い返せば、まろやかさがありつつキレのあるホワイトチョコレートのような山本さんの支えがなければ、この本は完成しませんでした。

また、SNSやメディアを通じていつも応援してくださるフォロワーのみなさんにも、感謝の気持ちを伝えたいです。

時がすぎ。次の打ち合わせも「お話しやすいので、また前と同じ南青山のデニーズで」とご提案したら、閉店を知りました。1985年から38年もの間、多くの人に愛されたあの「青デニ」からスタートした、本書の旅路です。

この本が、多くの日本の読者の方々にとって、自国のチョコレート文化の魅力や意外な奥深さに気づくきっかけとなれば幸いです。また、チョコレートに関わるお仕事をされている多くの方々にとっても、参考になる一冊となることを願っています。日本のチョコレート文化が、これからもずっと、みなさんの人生を豊かに彩り続けますように。

61頁　代用グルコースチョコレート
http://www.chocolate-cocoa.com/dictionary/history/japan/j03_a.html（同上）

・第２章
90～91頁　生チョコの規約　第4条の2の第一の（3)24ページ
https://media.toriaez.jp/s2990/556.pdf（全国チョコレート業公正取引協議会公式サイト）

・第４章
140頁　２月と8月に百貨店の売上が下がる
https://www.meti.go.jp/statistics/toppage/report/minikaisetsu/hitokoto_kako/20160802hitokoto.html（経済産業省公式サイト）

・第５章
210～216頁　カカオの健康効果
http://www.chocolate-cocoa.com/lecture/（日本チョコレート・ココア協会公式サイト）

参考文献・URL 一覧

＜書籍＞
『日本チョコレート工業史』(日本チョコレート・ココア協会、1958 年)
森永製菓編集『森永製菓100 年史』(森永製菓株式会社、2000 年)

＜URL＞
・第 1 章
18 頁　百貨店の数
https://www.depart.or.jp/member/files/list_jp.pdf（日本百貨店協会公式サイト）

29 頁　お見合い結婚の推移
https://www.ipss.go.jp/ps-doukou/j/doukou12/chapter2.html#:~:text=%E6%81%8B%E6%84%9B%E7%B5%90%E5%A9%9A%E3%81%A8%E8%A6%8B%E5%90%88%E3%81%84%E7%B5%90%E5%A9%9A,%E5%89%B2%E3%82%92%E4%B8%8B%E5%9B%9E%E3%81%A3%E3%81%A6%E3%81%84%E3%82%8B%E3%80%82
（国立社会保障・人口問題研究所公式サイト）

30 頁　テレビの普及について
https://www.soumu.go.jp/johotsusintokei/whitepaper/ja/s62/html/s62a02020100.html（総務省　情報通信統計データベース）

36 頁　2024 年1 月に「義理チョコ 8 割が渡したくない」
https://www.intage.co.jp/news/1695/（インテージホールディングス）

コラム内に引用
http://www.chocolate-cocoa.com/dictionary/history/japan/j01_a.html
（日本チョコレート・ココア協会公式サイト）

57 頁　長崎聞見録
http://www.chocolate-cocoa.com/dictionary/history/japan/j01_a.html
（同上）

図版クレジット（提供元）一覧

編集部作成

22頁　モロゾフ株式会社
24頁　株式会社メリーチョコレートカムパニー
26頁　森永製菓株式会社
57頁　国文学研究資料館所蔵
58頁　株式会社東京凮月堂
59頁　森永製菓株式会社
66頁　ゴディバ ジャパン株式会社
71頁　株式会社 和光
86頁　奥信濃BUNZO
95頁　株式会社ショコラティエ・エリカ
99頁　株式会社L.N.JAPON
102頁　著者提供
104頁　株式会社 ピエール マルコリーニ ジャパン
106頁　著者提供
107頁　著者提供
109頁　©sono
111頁　©Atsuko Tanaka
113頁　著者提供
128頁　ネスレ日本株式会社
130頁　著者提供
134頁　著者提供
136頁　ネスレ日本株式会社
148頁　株式会社 明治
150頁　株式会社ロッテ
152頁　森永製菓株式会社
154頁　江崎グリコ株式会社
189頁　著者提供
190頁　著者提供
191頁　著者提供
204頁　株式会社ロイヤル・アーツ
205頁　CRAFT CHOCOLATE WORKS
206頁　（左右とも）ダンデライオン・チョコレート・ジャパン株式会社
207頁　サタデイズ株式会社
221頁　認定NPO法人ACE

著者略歴

チョコレートジャーナリスト®／ジャーナリスト
大学卒業後、放送局に入社し、長年ディレクターとして番組企画・制作に携わる。現在はチョコレートを主なテーマとするジャーナリストとして、日本国内、カカオ生産地をはじめ各国を取材。多数のメディアで情報を発信している。チョコレートの魅力を広く伝えるコーディネーターとしても活動。広く食に関わるテーマでも取材執筆、商品監修や開発にかかわるコンサルティングも行う。

ハヤカワ新書 035

チョコレートと日本人《にほんじん》

二〇二四年十二月 二十 日 初版印刷
二〇二四年十二月二十五日 初版発行

著 者 市川《いちかわ》歩美《あゆみ》
発行者 早川 浩
印刷所 中央精版印刷株式会社
製本所 中央精版印刷株式会社
発行所 株式会社 早川書房
東京都千代田区神田多町二ノ二
電話 〇三‐三二五二‐三一一一
振替 〇〇一六〇‐三‐四七七九九
https://www.hayakawa-online.co.jp

ISBN978-4-15-340035-1 C0295

Printed and bound in Japan

定価はカバーに表示してあります

乱丁・落丁本は小社制作部宛お送り下さい。
送料小社負担にてお取りかえいたします。

未知への扉をひらく

「ハヤカワ新書」創刊のことば

誰しも、多かれ少なかれ好奇心と疑心を持っている。

そして、その先に在る納得が行く答えを見つけようとするのも人間の常である。それには書物を繙いて確かめるのが堅実といえよう。インターネットが普及して久しいが、紙に印字された言葉の持つ深遠さは私たちの頭脳を活性して、かつ気持ちに余裕を持たせてくれる。

「ハヤカワ新書」は、切れ味鋭い執筆者が政治、経済、教育、医学、芸術、歴史をはじめとする各分野の森羅万象を的確に捉え、生きた知識をより豊かにする読み物である。

早川浩